DEUTSCHE AKADEMIE DER WISSENSCHAFTEN ZU BERLIN

Veröffentlichungen der Sternwarte in Sonneberg

Band 2

Heft 4

C. HOFFMEISTER

Zählungen der Meteore in Südwestafrika 1937—1938

Akademie-Verlag GmbH · Berlin 1955

C. Hoffmeister

Zählungen der Meteore in Südwestafrika 1937—1938

Veröffentlichungen der Sternwarte in Sonneberg · Band 2, Heft 4

DEUTSCHE AKADEMIE DER WISSENSCHAFTEN ZU BERLIN

Veröffentlichungen der Sternwarte in Sonneberg

Band 2

Heft 4

C. HOFFMEISTER

Zählungen der Meteore in Südwestafrika 1937—1938

Akademie-Verlag GmbH · Berlin 1955

Erschienen im Akademie-Verlag GmbH., Berlin W 8, Mohrenstraße 39
Lizenz-Nr. 202 · 100/269/54
Gesamtherstellung: Druckerei „Thomas Müntzer" Langensalza
Bestell- und Verlagsnummer: 2006/II/4
Preis: 3,— DM
Printed in Germany

Einleitung

Zählungen der Meteore dienten bisher überwiegend zur Bestimmung der mittleren effektiven heliozentrischen Geschwindigkeit nach der schon von G. V. SCHIAPARELLI angewandten statistischen Methode. Diese bedient sich des Umstands, daß ein Beobachtungsort durch die Erdrotation im allgemeinen im Laufe jeder Nacht von der Rückseite auf die Vorderseite der Erde geführt wird, bezogen auf die Bewegung der Erde um die Sonne, und daß die Vorderseite in der Regel von mehr Meteoren getroffen wird als die Rückseite. Daraus ergibt sich die Erscheinung der Täglichen Variation, einer Zunahme der Meteorhäufigkeit mit fortschreitender Nachtzeit. Unter Voraussetzung isotroper Verteilung der Bewegungsrichtungen der Meteorite im Raum ist das Minimum der Meteorhäufigkeit gegen 6^h abends wahrer Ortszeit, zur Zeit der Kulmination des Antapex, das Maximum gegen 6^h morgens wahrer Ortszeit, gleichzeitig mit der Kulmination des Apex der Erdbewegung, zu erwarten. Die Steilheit des Anstiegs der Kurve im Laufe der Nacht ist eine Funktion der heliozentrischen Geschwindigkeit: je größer diese ist, desto flacher ist der Anstieg der Variationskurve.

Frühere Anwendungen des statistischen Verfahrens haben stets auf hyperbolische mittlere Geschwindigkeiten geführt, wobei indessen beachtet werden mußte, daß isotrope Verteilung der Richtungen im Raume vorausgesetzt war. Daß anisotrope Verteilung zu gänzlich entstellten, für die Bestimmung der Geschwindigkeit völlig ungeeigneten Variationskurven führen kann, habe ich schon 1931 gezeigt [1]). Als jedoch bald darauf das Überwiegen der hyperbolischen Bahnen auch quantitativ durch die ganz anders geartete „Rocking Mirror"-Methode der Harvard-Expedition nach Arizona in der Bearbeitung von OEPIK bestätigt wurde, schien es berechtigt, in der nahen numerischen Übereinstimmung der Resultate einen Beweis dafür zu sehen, daß die Verteilung der Richtungen im Raume quasi-isotrop, die statische Methode daher für die Bestimmung der mittleren heliozentrischen Geschwindigkeit ohne Bedenken anwendbar sei.

Einwände physikalischer Art, die damals mehr im Vordergrund standen, erwiesen sich später als im wesentlichen unbegründet. Durch diese und andere Arbeiten schien das Überwiegen hyperbolischer Bahnen unter den kleineren Körpern des interplanetaren Raumes gut gesichert.

Es kam daher völlig unerwartet, als die Anwendung elektrophysikalischer Beobachtungsverfahren auf das Meteorphänomen keine Bestätigung der stark hyperbolischen Bahnen brachte, vielmehr darauf hinwies, daß die Mehrzahl der Bahnen sporadischer Meteore, wie diejenigen der Kometen, parabelnah oder streng parabolisch sind. Zur Entscheidung der Frage, ob schwach hyperbolische Bahnen vorkommen oder die parabolische Geschwindigkeit eine strenge obere Grenze darstellt, reicht die Beobachtungsgenauigkeit zur Zeit noch nicht aus.

Damit steht nunmehr die Frage im Vordergrund, welches der beiden einander widersprechenden Ergebnisse richtig ist, oder ob etwa die Lösung darin liegt, daß das visuelle und das elektrophysikalische Meteorphänomen grundsätzlich verschiedene Erscheinungen sind.

---

[1]) C. HOFFMEISTER, Zur Theorie der Variation der Sternschnuppenhäufigkeit. Veröffentl. Sternwarte Babelsberg, Bd. 9 Heft 1 (1931).

Ich habe versucht, eine Klärung der Frage herbeizuführen, ohne indessen wirklich entscheidende Resultate zu erlangen. Ich ging dabei von der Hypothese aus, daß die elektrophysikalischen Beobachtungen einwandfrei seien und untersucht werden müsse, inwieweit die astronomischen Bestimmungen der Geschwindigkeit ihren Ergebnissen angepaßt werden könnten. Diese Hypothese wurde nicht von ungefähr zugrunde gelegt, sondern in der Erkenntnis, daß die Theorie der Täglichen Variation für visuelle Beobachtungen in der bisher angewandten Form unvollständig war.

Die Verbesserungen betrafen zwei Punkte: Erstens war inzwischen das System der Planetarischen Meteore, insbesondere das der Ekliptikalströme entdeckt worden und damit eine rechnerisch erfaßbare Abweichung von der Isotropie der Richtungen nachgewiesen. Zweitens war früher nicht berücksichtigt worden ein physiologischer Effekt, den ich inzwischen im Laboratorium genauer untersucht hatte. Beide Einwirkungen wurden in Rechnung gestellt und ermittelt, inwieweit auf dieser Grundlage eine Annäherung der einander widersprechenden Resultate der verschiedenen Methoden zu erzielen war.

Eine ausführliche Darstellung dieser Untersuchungen ist kürzlich in den Astronomischen Nachrichten[1]) erschienen. Daher sollen hier nur die wichtigsten Ergebnisse mitgeteilt werden:

1. Auch bei Berücksichtigung des früher vernachlässigten Effekts und nach Abzug des Anteils der ekliptikalen Meteore und, soweit bekannt, des Anteils der kometarischen Ströme, bleibt die errechnete Geschwindigkeit hyperbolisch.

2. Der aus den Ausgleichungen erhaltene Mittelwert $\bar{c} = 1.90 \pm 0.09$ m. F. liegt zwar merklich niedriger als die früher errechneten Werte, weicht vom parabolischen Wert 1.41 aber immer noch so stark ab, daß der Versuch einer Überbrückung der Widersprüche auf Grund der oben angeführten Hypothese als mißlungen bezeichnet werden muß.

3. Die nach Abzug der Stromanteile verbleibende normalisierte mittlere Variationskurve der sporadischen Meteore ergibt keine Hinweise auf anisotrope Verteilung der primären Bewegungsrichtungen.

Trotz dieses negativen Ergebnisses scheint mir eine Beseitigung der Widersprüche nicht ausgeschlossen. Eine Anisotropie von der Art, daß mit zunehmender Distanz vom Erdapex eine stetige Zunahme der Dichte der wahren Radianten bis zu einem Maximum im Antapex bestände, würde zwar zu keiner Deformation der Variationskurve führen, doch findet dieser Fall in den Beobachtungen keine Stütze. Eine andere Möglichkeit der Erklärung wäre gegeben, wenn man annehmen dürfte, daß rasche Meteore visuell schwächer leuchteten als langsame Meteore gleicher Masse. Bis vor nicht langer Zeit wurde von mehreren Autoren mit größter Entschiedenheit die gegenteilige Ansicht vertreten, doch hat man diese Auffassung revidieren müssen, nachdem sich gezeigt hatte, daß die Verschiebung des Intensitätsmaximums nach der violetten Seite bei zunehmender Geschwindigkeit ausgleichend wirkt. Die gegenwärtige Ansicht ist, daß die absolute visuelle Leuchtkraft der Masseneinheit praktisch unabhängig von der Geschwindigkeit ist. Ein Effekt, der dem früher angenommenen entgegengesetzt wäre, liegt also nicht mehr ganz außerhalb des Bereichs der theoretischen Möglichkeit.

Ein Ergebnis der visuellen Beobachtungen dürfte jedoch von grundsätzlicher Bedeutung sein, wenngleich ich nicht glaube, daß eine Deutung der Widersprüche

[1]) C. Hoffmeister, Die Tägliche Variation der Meteore und das Problem der hyperbolischen Bahnen. Astron. Nachr. 282. 15 (1955).

allein auf dieser Basis gelingen könnte. Die elektrophysikalischen Beobachtungen hatten eine sehr starke Anisotropie der primären Richtungen angedeutet mit einem beträchtlichen Überschuß rechtläufiger Bahnen und einer starken Verdichtung der wahren Radianten in der Umgebung des Antapex. Dabei könnte es sich nur um eine Komponente handeln, deren Geschwindigkeit diejenige der Erde übertrifft ($c > 1$). Ein rechtläufiges Meteor mit $c < 1$ würde dagegen die bewegte Erde von der Seite des Apex her treffen. Dieser vom Antapex herkommende Anteil läßt sich visuell nicht nachweisen; die sehr niedrigen Häufigkeiten während der ersten Abendstunden lassen die Annahme einer starken Antapex-Komponente einfach nicht zu. Damit scheint gezeigt, daß das elektrophysikalische Meteorphänomen mit dem visuellen nicht unbedingt identisch ist.

Bezüglich der Kritik der „Rocking Mirror"-Beobachtungen, wobei mittels eines konisch rotierenden Spiegels die Meteorbahnen in Zykloiden verwandelt und aus deren Gestalt die Winkelgeschwindigkeiten erschlossen werden, sei auf die „Astronomischen Nachrichten" verwiesen.

Vorstehende Andeutungen lassen erkennen, daß die visuellen Beobachtungen, obgleich durch die Ergebnisse der elektrophysikalischen Methode in Mißkredit gebracht, doch dazu beitragen können, die Verhältnisse zu klären. Daher sollen die Meteorzählungen, die wir 1937—38 in Südwestafrika erhalten haben und die jener oben erwähnten Arbeit in den Astronomischen Nachrichten zur Grundlage dienten, ausführlich veröffentlicht werden. Bestimmend dafür war auch der Umstand, daß sie unter den bestmöglichen geographischen, klimatischen und atmosphärischen Verhältnissen erhalten sind und mit aller Sorgfalt ausgeführt wurden. Als ein Vorzug darf wohl auch die große Dichte der Reihen angesehen werden, die es ermöglichte, erstmalig zuverlässige Variationskurven für kurze Zeitabschnitte, hier jeweils für die Dauer einer Lunation, abzuleiten, wogegen man bisher sichere Kurven nur durch Mittelbildung über viel längere Zeitabschnitte erlangt hatte. Damit konnte gezeigt werden, wie die von der Natur gegebene Kurve der Täglichen Variation wirklich aussieht und wie weit sie von der theoretisch unter gewissen Voraussetzungen erhaltenen Form abweicht. Vor allem konnte der von Monat zu Monat wechselnde Einfluß der Ekliptikalradianten auf die Gestalt der Variationskurve aufgewiesen werden. Diese Umstände lassen erwarten, daß die Beobachtungen auch noch zu anderen Zwecken herangezogen werden, zumal sich kaum noch ein Astronom bereitfinden wird, eine solche Reihe zu beobachten. Die Auswertung des Materials hinsichtlich der Ekliptikalradianten ist in meinem Buch „Die Meteorströme" (Weimar 1948, jetzt im Verlag Joh. Ambr. Barth in Leipzig) dargestellt.

Der Beobachter saß an einer Stelle mit völlig freiem Ausblick in einem kleinen Schutzhaus, bestehend aus mit Segeltuch bespanntem Holzgestell, in dem sich ein Tisch mit Schwachstrombeleuchtung befand. Der Blick war im allgemeinen nach Süden gerichtet. Jedes gesehene Meteor wurde gezählt. Die zum Ablesen der Uhr, Einzeichnen der Bahn und Niederschrift verbrauchte Zeit wurde mittels einer besonderen Uhr registriert, die Summe der Verlustzeiten stündlich abgelesen. Für jede Stunde wurde ein Störungsfaktor abgeschätzt, der bei ungestörtem Himmel 1.0 ist. Werte über 1.5 kommen nur ausnahmsweise vor, da unter ungünstigen Umständen in der Regel nicht beobachtet worden ist.

Meine Frau Adelheid Hoffmeister beteiligte sich, indem sie die Beobachtungen selbständig ausführte, während ich in langen Nächten um die Neumondzeit zur Vermeidung von Einflüssen der Ermüdung um Mitternacht eine Unterbrechung von

2 Stunden einlegte. Zeitweise auch übernahm sie die Beobachtung, während ich zeichnete oder schrieb; in diesen Fällen ist die Verlustzeit entsprechend kleiner oder auch Null. Die 65 von ihr selbständig beobachteten Stundenwerte sind in der Tabelle gekennzeichnet. Die Werte sind durch Multiplikation mit 1.13 auf die von mir beobachteten Werte umgerechnet.

Zeiteinheit für die Zählung ist die Stunde. Bezieht sich die beobachtete Anzahl auf einen abweichenden Zeitabschnitt, so wurden die Werte auf 1 Stunde umgerechnet. Mit Berücksichtigung der Korrektionen für Verlustzeit und Störungen ergibt sich daher die Umrechnungsformel

$$n' = \frac{n \cdot f \cdot 60}{D - t},$$

wozu bei den Beobachtungen von Adelheid H. noch der Faktor 1.13 tritt. Die Bezeichnungen sind im folgenden erklärt.

Erklärung der Tabelle.

1. Spalte ..... Laufende Nummer.
2. Spalte ..... Datum nach astronomischer Zählung.
3. Spalte ..... Zeit der Mitte des Beobachtungsabschnitts, und zwar Zonenzeit für 30° Ostlänge, von Mittag ab gezählt.
4. Spalte ..... D = Dauer des Beobachtungsabschnitts in Minuten.
5. Spalte ..... n = Anzahl der im Beobachtungsabschnitt gesehenen Meteore unter Ausschluß derjenigen, die zu einigen definierten Strömen gehören (vgl. Spalte 8).
6. Spalte ..... f = geschätzter Faktor, mit dem n zu multiplizieren ist zwecks Befreiung vom Einfluß etwaiger Störungen. Bei einwandfreiem Himmelszustand ist $f = 1.0$. Folgende Abkürzungen hinter dem Faktor kennzeichnen die Art der Störung: W = Wolken, ci = Cirrus, ☽ = Mondlicht, D = Dämmerung, ∞ = Dunst.
7. Spalte ..... t = Verlustzeit, d. h. die für Niederschrift usw. verbrauchte Zeit, so daß die reine Beobachtungszeit $D - t$ ist.
8. Spalte Bemerkungen. Hier finden sich vor allem die Anzahlen der zusätzlich beobachteten Meteore einiger Ströme verzeichnet. Folgende Abkürzungen wurden gebraucht: A = Aquariden, C = Corviden, L = Leoniden, G = Geminiden. — AH bezeichnet die von Frau Adelheid Hoffmeister beobachteten Werte. In einigen Fällen, August 3 bis 10, ist dahinter in Klammern die Anzahl der beobachteten Meteore der δ-Aquariden verzeichnet, weil die Beobachterin die Bahnen nicht in Karten eintrug. Diese Meteore sind jedoch in den Anzahlen n mit enthalten.
9. Spalte ..... Sonnenlänge für die in der 3. Spalte gegebene Zeit.
10. Spalte ..... Zenitdistanz des Erdapex für die in der 3. Spalte gegebene Zeit.
11. Spalte ..... n' = nach der im Text angeführten Formel berechneter Stundenwert der Meteorhäufigkeit.

Koordinaten des Beobachtungsortes.

Länge: 17°3′46″ östl. Gr.
Breite: —22°35′27″
Höhe: 1685 m

Beobachtungen

Nr.	Tag 1937	Zeit	*D*	*n*	*f*	*t*	Bem.	⊙	*Z*	*n'*
1	Apr. 30	$8^h 53^m$	60^m	9	1.0	$2^m.8$		39°59′	131.°6	9.4
2		9 53	60	7	1.1 ☽	0.0		40 02	122.3	7.7
3	Mai 1	8 30	60	7	1.0	2.4		40 57	134.6	7.3
4		9 30	60	7	1.0	0.0		40 59	126.3	7.0
5		10 30	60	3	1.0	0.7		41 01	115.7	3.0
6	Mai 2	8 30	60	5	1.0	0.7		41 55	134.8	5.1
7		9 30	60	7	1.0	0.0		41 57	126.5	7.0
8		10 30	60	6	1.0	0.0		42 00	115.9	6.0
9		11 30	60	8	1.0	2.0		42 02	103.8	8.3
10	Mai 3	8 42	60	9	1.0	2.0		42 53	133.7	9.3
11		9 42	60	10	1.0	0.0		42 56	124.7	10.0
12		10 42	60	13	1.0	0.4		42 58	113.7	13.1
13		11 42	60	10	1.0	1.5		43 01	101.4	10.3
14		12 42	60	14	1.0	4.3		43 03	88.6	15.1
15	Mai 4	8 26	60	3	1.0	1.6		43 51	135.8	3.1
16		9 26	60	8	1.0	0.0		43 53	127.6	8.0
17		10 26	60	7	1.0	0.0		43 56	117.0	7.0
18		11 26	60	11	1.0	2.5		43 58	105.0	11.5
19		12 26	60	15	1.0	5.5		44 00	92.2	16.5
20		13 26	60	10	1.0	3.0		44 03	78.9	10.5
21	Mai 5	8 37	60	6	1.3 ci	2.0		44 50	134.7	8.1
22		9 37	60	6	1.6 ci	0.0		44 52	125.9	9.6
23		14 30	60	11	1.0	1.6	+ 3A	45 04	64.5	11.3
24	Mai 6	14 51	60	2	1.4 W	2.6	+ 2A	46 03	59.8	2.9
25	Mai 7	8 46	60	2	1.2 W	2.7		46 46	134.1	2.5
26		9 52	60	10	1.0	0.0		46 49	123.8	10.0
27		10 52	60	6	1.0	0.0		46 51	112.3	6.0
28		11 52	60	6	1.0	2.3		46 54	99.9	6.2
29		12 52	60	14	1.0	10.0		46 56	86.8	16.8
30		13 52	60	13	1.1 ci	10.0	+ 1A	46 59	73.3	17.2
31	Mai 8	8 37	60	5	1.0	2.4		47 44	135.5	5.2
32		9 37	60	7	1.0	0.0		47 46	126.6	7.0
33		10 37	60	6	1.0	0.0		47 49	115.5	6.0
34		11 37	60	10	1.0	0.0		47 51	103.2	10.0
35		12 37	60	9	1.0	1.0		47 54	90.2	9.2
36		13 37	60	9	1.0	0.0		47 56	76.8	9.0
37		14 37	60	11	1.0	4.1		47 59	63.1	11.8
38		15 37	60	17	1.0	13.7	+ 1A	48 01	49.4	22.0
39		16 42	60	18	1.0	12.8	+11A	48 04	34.4	22.9
40	Mai 9	8 42	60	6	1.1 W	4.7		48 42	135.2	7.2
41		9 42	60	8	1.0	0.0		48 44	125.9	8.0
42		10 42	60	7	1.0	0.0		48 47	114.7	7.0
43		11 42	60	8	1.0	0.0		48 49	102.3	8.0
44		12 42	60	7	1.0	3.0		48 52	89.2	7.4
45		13 42	60	11	1.0	7.0		48 54	75.8	12.5
46		14 42	60	11	1.0	6.9		48 57	62.1	12.4
47		15 42	60	17	1.0	11.6	+ 2A	48 59	48.2	21.1
48		16 42	60	11	1.0	11.4	+ 8A	49 02	34.5	13.6

Nr.	Tag 1937	Zeit	D	n	f	t	Bem.	⊙	Z	n'
49	Mai 10	8h42m	60m	4	1.0	5.0m		49°40′	135.3°	4.4
50		9 42	60	7	1.0	2.8		49 42	126.1	7.3
51		10 42	60	8	1.0	0.0		49 45	114.8	8.0
52		11 42	60	11	1.0	0.0		49 47	102.3	11.0
53		12 42	60	11	1.0	2.0		49 50	89.3	11.4
54		13 42	60	18	1.0	11.7		49 52	75.8	22.4
55		14 42	60	14	1.0	9.4		49 55	62.1	16.6
56		15 42	60	10	1.0	4.8		49 57	48.3	10.9
57		16 42	60	11	1.0	10.0	+ 3A	49 59	34.5	13.2
58	Mai 12	9 0	60	6	1.1 W	5.1		51 37	133.3	7.2
59		10 0	60	10	1.1 W	0.0		51 39	123.2	11.0
60		10 45	30	1	1.2 W	0.0		51 41	114.5	2.4
61	Mai 13	9 24	60	7	1.0	5.8		52 36	129.8	7.7
62		10 24	60	8	1.0	1.4		52 38	118.8	8.2
63		11 24	60	10	1.0	0.0		52 41	106.6	10.0
64		12 24	60	12	1.0	3.8		52 43	93.6	12.8
65		13 24	60	13	1.0	7.0		52 45	80.2	14.7
66		14 24	60	12	1.0	9.2	+ 1A	52 48	66.5	14.2
67		15 24	60	14	1.0	11.4	+ 2A	52 50	52.7	17.3
68		16 24	60	16	1.0	11.2	+ 1A	52 53	38.9	19.7
69		17 24	60	18	1.0	15.6	+ 5A	52 55	25.2	24.3
70	Mai 14	10 30	60	7	1.0	0.0		53 36	117.8	7.0
71		11 30	60	6	1.0	0.0		53 38	105.4	6.0
72		12 30	60	10	1.0	4.4		53 41	92.3	10.8
73		13 30	60	15	1.0	2.9		53 44	78.9	15.8
74		14 30	60	9	1.0	4.7		53 46	65.1	9.8
75		15 30	60	8	1.0	5.1		53 48	51.3	8.7
76		16 30	60	15	1.0	12.3		53 51	37.5	18.9
77		17 18	36	8	1.0	7.6	+ 2A	53 52	26.6	16.9
78	Mai 15	12 5	60	9	1.0	0.0		54 38	97.9	9.0
79		13 5	60	20	1.0	0.0		54 40	84.6	20.0
80		14 5	60	13	1.0	0.0		54 43	71.0	13.0
81		15 5	60	12	1.0	1.9		54 45	57.2	12.4
82		16 5	60	16	1.0	4.8	+ 2A	54 48	43.3	17.4
83		17 5	60	8	1.0	10.1	+ 2A	54 50	29.6	9.6
84		17 50	30	7	1.0	5.5		54 51	19.8	17.1
85	Mai 16	13 4	60	9	1.0	2.2		55 37	85.0	9.3
86		14 4	60	13	1.0	9.2		55 40	71.3	15.4
87		15 4	60	7	1.0	5.1	+ 1A	55 42	57.5	7.7
88		16 4	60	10	1.0	9.2	+ 2A	55 45	43.7	11.8
89		17 4	60	15	1.0	12.9	+ 3A	55 47	30.0	19.1
90		17 52	36	7	1.0	4.9	+ 2A	55 49	19.5	13.5
91	Mai 17	13 38	60	10	1.1 ☽	9.6		56 37	77.4	13.1
92		14 38	60	9	1.0	9.6	+ 1A	56 39	63.6	10.7
93		15 38	60	13	1.0	10.7		56 42	49.8	15.8
94		16 38	60	9	1.0	8.3		56 45	36.0	10.4
95		17 38	60	14	1.0	8.9		56 47	22.5	16.4
96	Mai 18	14 48	60	15	1.0	10.2	+ 1A	57 38	61.3	18.1
97		15 48	60	11	1.0	9.8	+ 1A	57 40	47.5	13.1

Nr.	Tag 1937	Zeit	D	n	f	t	Bem.	⊙	Z	n'
98	Mai 18	16h48m	60m	11	1.0	10m6	+ 4A	57°43′	33°7	19.5
99		17 42	48	12	1.0	11.1	+ 3A	57 45	21.8	14.7
100	Mai 19	15 42	60	10	1.0	7.8	+ 2A	58 37	48.9	11.5
101		16 42	60	8	1.0	7.9	+ 1A	58 39	35.2	9.2
102		17 42	60	12	1.0	10.7	+ 3A	58 41	21.9	14.6
103	Mai 20	16 35	60	15	1.0	10.2	+ 2A	59 38	36.7	18.1
104		17 38	66	12	1.0	10.7		59 40	22.8	13.0
105	Mai 21	17 36	72	14	1.0	11.8	+ 1A	60 38	23.5	14.0
106	Mai 22	17 52	42	5	1.1 ☽	4.6		61 35	20.4	8.8
107	Mai 27	7 58	60	2	1.3 ☽	3.6		66 00	145.0	2.8
108	Mai 28	7 51	60	5	1.0	1.6		66 57	146.0	5.1
109		8 51	60	5	1.2 ☽	0.0		67 00	138.4	6.0
110	Mai 29	7 50	60	6	1.0	0.3		67 55	146.4	6.0
111		8 50	60	7	1.0	0.0		67 57	138.8	7.0
112		9 50	60	5	1.2 ☽	0.0		68 00	128.1	6.0
113	Mai 30	7 46	60	7	1.0	0.5		68 52	147.0	7.0
114		8 46	60	7	1.0	0.0		68 55	139.6	7.0
115		9 46	60	6	1.0	0.0		68 57	129.0	6.0
116		10 46	60	9	1.2 ☽	1.6		68 59	116.7	11.1
117	Mai 31	7 45	60	5	1.0	2.6		69 49	147.4	5.2
118		8 45	60	3	1.0	0.0		69 52	140.0	3.0
119		9 45	60	8	1.0	0.0		69 54	129.3	8.0
120		10 45	60	8	1.0	0.0		69 56	117.0	8.0
121		11 45	60	11	1.2 ☽	1.6		69 58	103.9	13.6
122	Juni 1	7 44	60	3	1.0	0.0		70 46	147.8	3.0
123		8 44	60	7	1.0	0.0		70 48	140.4	7.0
124		9 44	60	10	1.0	0.0		70 50	129.7	10.0
125		10 44	60	15	1.0	0.0		70 53	117.4	15.0
126		11 44	60	16	1.0	0.0		70 55	104.3	16.0
127		12 44	60	12	1.1 ☽	0.6		70 58	90.7	13.3
128	Juni 2	7 48	60	4	1.0	0.0		71 44	147.8	4.0
129		8 48	60	14	1.0	0.0		71 46	140.0	14.0
130		9 48	60	9	1.0	0.0		71 49	129.1	9.0
131		10 48	60	10	1.0	0.0		71 51	116.6	10.0
132		11 48	60	18	1.0	0.0		71 53	103.4	18.0
133		12 48	60	13	1.0	0.0		71 56	89.8	13.0
134		13 48	60	15	1.1 ☽	5.7		71 58	76.0	18.2
135	Juni 3	7 46	60	6	1.0	0.0		72 41	148.3	6.0
136		8 46	60	5	1.0	0.0		72 43	140.5.	5.0
137		9 46	60	6	1.0	0.0		72 46	129.7	6.0
138		10 46	60	6	1.0	0.0		72 48	117.3	6.0
139		11 46	60	10	1.0	0.0		72 51	104.0	10.0
140		12 46	60	18	1.0	4.7		72 53	90.4	19.5
141		13 46	60	17	1.0	8.7		72 56	76.7	19.9
142		14 46	60	10	1.1 ☽	7.8		72 59	62.8	12.6
143	Juni 4	7 44	60	2	1.0	0.0		73 39	148.8	2.0
144		8 44	60	6	1.0	0.0		73 41	141.1	6.0
145		9 44	60	8	1.0	0.0		73 44	130.2	8.0
146		10 44	60	13	1.0	0.0		73 46	117.8	13.0

Nr.	Tag 1937	Zeit	D	n	f	t	Bem.	☉	Z	n'
147	Juni 4	11ʰ44ᵐ	60ᵐ	8	1.0	0ᵐ0		73°49'	104°5	8.0
148		12 44	60	14	1.0	2.1		73 51	90.8	14.5
149		13 44	60	13	1.0	5.5		73 54	71.1	14.3
150		14 44	60	8	1.0	7.9		73 56	63.3	9.2
151		15 44	60	10	1.1 ☽	5.8		73 59	49.6	12.2
152	Juni 5	7 46	60	3	1.0	0.0		74 37	148.9	3.0
153		8 46	60	7	1.0	0.0		74 39	141.0	7.0
154		9 46	60	9	1.0	0.0		74 42	130.0	9.0
155		10 46	60	7	1.0	0.0		74 44	117.5	7.0
156		11 46	60	8	1.0	4.8	AH	74 47	104.2	9.8
157		12 46	60	8	1.0	4.4	AH	74 49	90.5	9.8
158		13 46	60	13	1.0	6.3		74 51	76.7	14.5
159		14 46	60	13	1.0	8.5		74 54	62.9	15.1
160		15 46	60	20	1.0	12.1		74 56	49.2	25.1
161		16 46	60	17	1.0	11.8		74 59	36.0	21.2
162		17 31	30	8	1.1 ☽	4.7		75 00	26.8	20.9
163	Juni 6	7 45	60	5	1.0	0.0		75 34	149.3	5.0
164		8 45	60	12	1.0	0.0		75 36	141.3	12.0
165		9 45	60	7	1.0	0.0		75 39	130.2	7.0
166		10 45	60	9	1.0	0.0		75 41	117.7	9.0
167		11 45	60	12	1.0	5.1	AH	75 44	104.4	14.8
168		12 45	60	11	1.0	3.9	AH	75 46	90.9	13.3
169		13 45	60	11	1.0	3.4		75 49	77.1	11.7
170		14 45	60	12	1.0	7.3		75 51	63.3	13.7
171		15 45	60	15	1.0	9.3		75 54	49.5	17.7
172		16 45	60	12	1.0	9.1		75 56	36.3	14.1
173		17 45	60	12	1.0	12.3		75 58	24.5	15.1
174	Juni 7	7 44	60	3	1.0	0.6		76 32	149.7	3.0
175		8 44	60	9	1.0	0.0		76 35	141.6	9.0
176		9 44	60	8	1.0	4.4		76 37	130.7	8.6
177		10 44	60	11	1.0	3.8		76 40	118.2	11.7
178		11 44	60	3	1.0	2.7	AH	76 42	104.9	3.5
179		12 44	60	14	1.0	5.1	AH	76 45	91.3	17.3
180		13 44	60	17	1.0	6.0		76 47	77.4	18.9
181		14 44	60	10	1.0	6.7		76 49	63.6	11.3
182		15 44	60	11	1.0	9.3		76 51	49.8	13.0
183		16 44	60	13	1.0	10.2		76 53	36.6	15.7
184		17 44	60	14	1.0	11.2		76 55	24.8	17.2
185	Juni 8	7 45	60	7	1.0	2.2		77 29	150.0	7.3
186		8 45	60	10	1.0	0.0		77 31	141.8	10.0
187		9 45	60	10	1.0	3.9		77 34	130.6	10.7
188		10 45	60	8	1.0	3.2		77 36	118.0	8.5
189		11 45	60	9	1.0	4.0	AH	77 39	104.6	10.9
190		12 45	60	12	1.0	4.3	AH	77 41	91.0	14.6
191		13 45	60	13	1.0	4.0		77 44	77.1	13.9
192		14 45	60	14	1.0	8.1		77 46	63.3	16.2
193		15 45	60	16	1.0	11.0		77 49	49.6	19.6
194		16 45	60	10	1.0	11.3		77 51	36.5	12.3
195		17 45	60	13	1.0	9.9		77 53	24.9	15.6

Nr.	Tag 1937	Zeit	D	n	f	t	Bem.	⊙	Z	n'
196	Juni 9	7^h46^m	60^m	3	1.0	$1^m.9$		78°27′	150°.2	3.1
197		8 46	60	8	1.0	0.0		78 29	141.9	8.0
198		9 46	60	8	1.0	4.1		78 32	130.6	8.6
199		10 46	60	6	1.0	5.4		78 34	117.9	6.6
200		11 46	60	6	1.0	2.8	AH	78 37	104.5	7.1
201		12 46	60	6	1.0	2.1	AH	78 39	90.9	7.0
202		13 46	60	9	1.0	3.6		78 42	77.0	9.6
203		14 46	60	17	1.0	7.9		78 44	63.2	19.6
204		15 46	60	10	1.0	7.4		78 46	49.6	11.4
205		16 46	60	17	1.0	12.6		78 48	36.5	21.5
206		17 46	60	10	1.0	7.6		78 50	24.9	11.5
207	Juni 10	7 45	60	3	1.0	0.0		79 24	150.6	3.0
208		8 45	60	5	1.0	0.0		79 26	142.2	5.0
209		9 45	60	10	1.0	4.3		79 28	130.9	10.8
210		10 45	60	8	1.0	7.7		79 31	118.1	9.2
211		11 45	60	7	1.0	4.0	AH	79 33	104.8	8.5
212		12 45	60	10	1.0	3.5	AH	79 35	91.1	12.0
213		13 45	60	10	1.0	5.2		79 37	77.2	10.9
214		14 45	60	7	1.0	6.8		79 40	63.4	7.9
215		15 45	60	10	1.0	9.0		79 43	49.8	11.8
216		16 45	60	17	1.0	11.0		79 45	36.8	20.8
217		17 45	60	10	1.0	8.1		79 48	25.3	11.6
218	Juni 11	8 30	60	4	1.0	1.5		80 23	145.0	4.1
219		9 30	60	11	1.0	2.8		80 25	134.1	11.5
220		10 30	60	16	1.0	10.5		80 28	121.6	19.4
221		11 30	60	4	1.0	2.6	AH	80 30	108.3	4.7
222		12 30	60	11	1.0	7.2	AH	80 33	94.6	14.1
223		13 30	60	10	1.0	7.1		80 35	80.8	11.3
224		14 30	60	12	1.0	6.0		80 38	67.0	13.3
225		15 30	60	12	1.0	9.4		80 40	53.3	14.2
226		16 30	60	9	1.0	9.1		80 42	40.1	10.6
227		17 30	60	17	1.0	9.9		80 45	28.1	20.4
228	Juni 12	10 28	60	4	1.0	1.5		81 25	122.1	4.1
229		11 28	60	10	1.0	0.0		81 27	108.7	10.0
230		12 28	60	10	1.0	0.0		81 30	95.1	10.0
231		13 28	60	12	1.0	6.3		81 32	81.4	13.4
232		14 28	60	27	1.0	0.0		81 35	67.5	27.0
233		15 28	60	16	1.0	5.5		81 37	53.8	17.6
234		16 28	60	10	1.0	5.0		81 40	40.6	10.9
235		17 28	60	9	1.0	6.6		81 42	28.7	10.1
236	Juni 13	11 32	60	11	1.0	0.0		82 24	107.8	11.0
237		12 32	60	14	1.0	0.0		82 26	94.1	14.0
238		13 32	60	7	1.0	3.5		82 29	80.3	7.4
239		14 32	60	7	1.0	1.8		82 31	66.5	7.2
240		15 32	60	15	1.0	7.0		82 34	52.9	17.0
241		16 32	60	8	1.0	5.0		82 36	39.8	8.7
242		17 32	60	13	1.0	9.4		82 39	28.1	15.4
243	Juni 14	12 31	60	15	1.0	0.8		83 24	94.5	15.2
244		13 31	60	8	1.0	0.0		83 26	80.8	8.0

Nr.	Tag 1937	Zeit	D	n	f	t	Bem.	⊙	Z	n'
245	Juni 14	14^h31^m	60^m	10	1.0	$4^m.8$		83°29′	66°.9	10.9
246		15 31	60	22	1.0	0.0		83 31	53.3	22.0
247		16 31	60	6	1.0	4.4		83 34	40.2	6.5
248		17 31	60	17	1.0	10.2		83 36	28.5	20.5
249	Juni 15	13 29	60	16	1.0	2.2		84 24	81.3	16.6
250		14 29	60	16	1.0	3.9		84 26	67.6	17.1
251		15 29	60	8	1.0	5.4		84 29	53.8	8.8
252		16 29	60	12	1.0	9.9		84 31	40.8	14.4
253		17 32	66	13	1.0	8.4		84 34	28.6	13.5
254	Juni 16	14 29	60	8	1.0	1.3		85 24	67.6	8.2
255		15 29	60	11	1.3 ci	1.9		85 26	53.9	14.8
256		16 29	60	9	1.3 ci	5.8		85 28	40.9	13.0
257		17 35	72	19	1.0	11.2		85 31	28.3	18.8
258	Juni 17	15 25	60	12	1.0	3.7		86 23	54.9	12.8
259		16 25	60	10	1.0	0.0		86 25	41.9	10.0
260		17 34	78	16	1.0	8.7		86 28	28.7	13.9
261	Juni 18	16 5	60	13	1.0	4.5		87 22	46.3	14.1
262		17 5	60	10	1.0	4.7		87 25	34.0	10.8
263		17 59	48	11	1.0	5.3		87 27	25.3	15.5
264	Juni 19	16 57	60	22	1.0	0.7		88 21	35.8	22.3
265		17 57	60	9	1.0	6.0		88 24	25.8	10.0
266	Juni 20	17 54	60	12	1.0	10.0		89 22	26.5	14.4
267	Juni 25	7 38	54	2	1.2 ☽ D	0.9	+ 3C	93 42	156.0	2.7
268	Juni 26	7 42	60	4	1.0	1.4	+ 9C	94 40	155.8	4.1
269		8 36	48	4	1.2 ☽	0.6	+11C	94 42	147.1	6.1
270	Juni 27	7 43	60	5	1.0	0.0	+ 9C	95 37	155.9	5.0
271		8 43	60	6	1.0	0.0	+13C	95 39	145.9	6.0
272		9 31	36	3	1.2 ☽	0.0	+ 3C	95 41	136.0	6.0
273	Juni 28	7 54	60	5	1.0	0.0	+ 6C	96 34	154.7	5.0
274		8 54	60	3	1.0	0.0	+ 7C	96 36	143.8	3.0
275		10 0	72	9	1.0	0.0	+ 7C	96 39	129.8	7.5
276	Juni 29	7 43	60	4	1.0	0.0	+ 7C	97 31	156.4	4.0
277		8 43	60	6	1.0	0.0	+ 5C	97 33	146.2	6.0
278		9 43	60	8	1.0	0.0	+ 3C	97 36	133.6	8.0
279		10 52	78	13	1.0	0.0	+ 7C	97 39	118.2	10.0
280	Juni 30	7 46	60	3	1.0	0.0	+ 2C	98 28	156.3	3.0
281		8 46	60	4	1.0	0.0	+ 3C	98 30	145.8	4.0
282		9 46	60	5	1.0	0.0		98 33	133.1	5.0
283		10 46	60	13	1.0	0.0	+ 1C	98 35	119.6	13.0
284		11 52	72	15	1.0	0.0	+ 1C	98 38	104.6	12.5
285	Juli 1	7 51	60	4	1.0	0.0		99 26	155.8	4.0
286		8 51	60	7	1.0	0.0		99 28	144.9	7.0
287		9 51	60	3	1.0	0.0	+ 1C	99 31	132.1	3.0
288		10 51	60	10	1.0	1.8	+ 1C	99 33	118.5	10.3
289		11 51	60	18	1.0	0.0		99 35	104.8	18.0
290		12 57	72	20	1.0	0.0		99 38	89.6	16.7
291	Juli 2	7 48	60	3	1.0	0.0	+ 2C	100 23	156.5	3.0
292		8 48	60	1	1.0	0.0	+ 1C	100 25	145.7	1.0
293		9 48	60	5	1.0	0.0	+ 2C	100 28	132.8	5.0

Nr.	Tag 1937	Zeit	D	n	f	t	Bem.	⊙	Z	n'
294	Juli 2	10^h48^m	60^m	6	1.0	0^m0	+ 1C	100°30′	119°3	6.0
295		11 48	60	10	1.0	6.4	+ 1C	100 32	105.5	11.2
296		12 48	60	12	1.0	7.7	+ 1C	100 35	91.7	13.8
297		13 54	72	20	1.0	13.6		100 38	76.6	20.5
298	Juli 3	7 50	60	1	1.0	0.0	+ 1C	101 20	156.5	1.0
299		8 50	60	3	1.0	0.0		101 22	145.3	3.0
300		9 50	60	4	1.0	0.0		101 25	132.5	4.0
301		10 50	60	15	1.0	0.0		101 27	118.9	15.0
302		11 50	60	11	1.0	6.2		101 29	105.1	12.3
303		12 50	60	18	1.0	8.0		101 32	91.2	20.8
304		13 50	60	14	1.0	10.0		101 34	77.5	16.8
305		14 53	66	17	1.0	12.7		101 36	63.4	19.1
306	Juli 4	7 53	60	2	1.0	0.0		102 18	156.3	2.0
307		8 53	60	4	1.0	0.0		102 20	144.9	4.0
308		9 53	60	9	1.0	0.0		102 23	131.9	9.0
309		10 53	60	10	1.0	0.0		102 25	118.3	10.0
310		11 53	60	11	1.0	4.4		102 27	104.5	11.9
311		12 53	60	9	1.0	4.8		102 30	90.7	9.8
312		13 53	60	16	1.0	8.4		102 32	76.9	18.6
313		14 53	60	14	1.0	10.5		102 35	63.7	17.0
314		15 53	60	14	1.0	8.1		102 38	50.8	16.2
315	Juli 5	7 53	60	2	1.0	0.0		103 15	156.5	2.0
316		8 53	60	2	1.0	0.0		103 17	145.2	2.0
317		9 53	60	11	1.0	9.4		103 20	132.0	13.0
318		10 53	60	12	1.0	4.0		103 22	118.4	12.9
319		11 53	60	9	1.0	2.1	AH	103 25	104.6	10.6
320		12 53	60	13	1.0	5.9	AH	103 27	90.7	16.3
321		13 53	60	16	1.0	4.7		103 29	77.0	17.4
322		14 53	60	16	1.0	7.6		103 32	63.6	18.3
323		15 53	60	11	1.0	7.3		103 34	50.9	12.5
324		16 53	60	11	1.0	6.8		103 37	39.5	12.4
325		17 53	60	16	1.0	11.9		103 39	31.0	20.0
326	Juli 6	7 59	60	3	1.0	3.0		104 13	155.7	3.2
327		8 59	60	6	1.0	7.8		104 15	143.9	6.9
328		9 59	60	8	1.0	5.8		104 18	130.7	8.9
329		10 59	60	16	1.0	5.5		104 20	117.0	17.6
330		11 59	60	10	1.0	5.1	AH	104 22	103.2	12.4
331		12 59	60	10	1.0	4.5	AH	104 25	89.4	12.3
332		14 10	60	11	1.0	5.3		104 27	73.3	12.1
333		15 10	60	15	1.0	6.6		104 29	60.1	16.8
334		16 10	60	16	1.0	10.4		104 31	47.7	19.4
335		17 10	60	14	1.0	9.6		104 33	36.9	16.7
336		18 2	44	7	1.0	4.9		104 35	30.4	10.7
337	Juli 7	7 54	60	3	1.0	0.0		105 09	156.8	3.0
338		8 54	60	4	1.0	3.8		105 11	145.1	4.3
339		9 54	60	5	1.0	1.4		105 14	131.9	5.1
340		10 54	60	7	1.0	4.3		105 16	118.3	7.5
341		11 54	60	11	1.0	6.8		105 19	104.4	12.4
342		12 54	60	9	1.0	3.2	AH	105 21	90.6	10.8

Nr.	Tag 1937	Zeit	D	n	f	t	Bem.	⊙	Z	n'
343	Juli 7	13^h54^m	60^m	21	1.0	$8^m.7$	AH	105°23′	77°.0	27.9
344		14 54	60	9	1.0	4.2		105 26	63.7	9.7
345		15 54	60	14	1.0	11.2		105 29	51.0	17.2
346		16 54	60	12	1.0	6.8		105 31	39.8	13.5
347		17 54	60	14	1.0	9.7		105 34	31.5	16.7
348	Juli 8	7 54	60	3	1.0	0.0		106 06	157.0	3.0
349		8 54	60	4	1.0	0.0		106 09	145.2	4.0
350		9 54	60	6	1.0	4.4		106 11	132.0	6.5
351		10 54	60	8	1.0	6.3		106 14	118.3	8.9
352		11 54	60	7	1.0	7.1		106 16	104.5	7.9
353		12 54	60	13	1.0	4.5	AH	106 19	90.7	16.0
354		13 54	60	11	1.0	6.3	AH	106 21	77.1	14.0
355		14 54	60	14	1.0	4.5		106 23	63.8	15.1
356		15 54	60	11	1.0	8.5		106 26	51.2	12.8
357		16 54	60	10	1.0	8.0		106 28	40.0	11.5
358		17 54	60	16	1.0	10.7		106 31	31.8	19.5
359	Juli 9	8 0	60	1	1.0	0.0		107 04	156.1	1.0
360		9 0	60	1	1.0	0.0		107 06	144.1	1.0
361		10 0	60	3	1.0	4.1		107 09	130.7	3.2
362		11 0	60	10	1.0	7.7		107 11	117.0	11.5
363		12 0	60	12	1.0	9.3		107 14	103.2	14.2
364		13 0	60	12	1.0	5.2	AH	107 16	89.3	14.9
365		14 0	60	13	1.0	6.0	AH	107 18	75.8	16.3
366		15 0	60	14	1.0	4.8		107 20	62.6	15.2
367		16 0	60	16	1.0	6.0		107 23	50.2	17.8
368		17 0	60	20	1.0	12.9		107 25	39.3	25.5
369		17 54	48	8	1.0	4.8		107 28	32.1	11.1
370	Juli 10	7 52	60	2	1.0	0.0		108 01	157.8	2.0
371		8 52	60	3	1.0	0.0		108 03	145.9	3.0
372		9 52	60	7	1.0	5.1		108 06	132.7	7.7
373		10 52	60	11	1.0	8.5		108 08	119.0	12.8
374		11 52	60	13	1.0	6.8		108 11	105.1	14.7
375		12 52	60	11	1.0	4.7	AH	108 13	91.3	13.5
376		13 52	60	15	1.0	5.8	AH	108 15	77.7	18.8
377		14 52	60	13	1.0	6.8		108 18	64.5	14.7
378		15 52	60	16	1.0	8.9		108 20	51.9	18.8
379		16 52	60	15	1.0	10.6		108 23	40.8	18.2
380		17 52	60	14	1.0	8.2		108 25	32.6	16.2
381	Juli 11	8 40	60	6	1.2 ☽	2.0	AH	109 00	148.6	8.4
382		9 40	60	6	1.1 ☽	2.4	AH	109 02	135.4	7.8
383		10 40	60	6	1.0	1.7		109 05	121.8	6.2
384		11 40	60	9	1.0	4.2		109 07	107.9	9.7
385		12 40	60	4	1.0	3.1		109 10	94.1	4.2
386		13 40	60	6	1.0	5.7		109 12	80.4	6.6
387		14 40	60	11	1.0	8.2		109 15	67.1	12.7
388		15 40	60	10	1.0	9.7		109 17	54.5	11.9
389		16 40	60	15	1.0	12.2		109 20	43.0	18.8
390		17 40	60	14	1.0	8.1		109 22	34.2	16.2
391	Juli 12	11 18	60	7	1.0	1.5		110 03	113.0	7.2

Nr.	Tag 1937	Zeit	D	n	f	t	Bem.	⊙	Z	n′
392	Juli 12	12h18m	60m	10	1.0	0m0		110°05′	99°.2	10.0
393		13 18	60	7	1.0	3.1		110 08	85.5	7.4
394		14 18	60	9	1.0	7.1		110 10	72.0	10.2
395		15 18	60	16	1.0	12.3		110 13	59.1	20.1
396		16 18	60	9	1.0	7.5		110 15	47.2	10.3
397		17 18	60	9	1.0	7.7		110 18	37.2	10.3
398		18 3	30	8	1.0	4.6		110 20	32.3	18.9
399	Juli 13	11 45	60	12	1.0	9.1		111 02	106.9	14.1
400		12 45	60	13	1.0	8.0		111 04	93.2	15.0
401		13 45	60	14	1.0	1.5		111 07	79.5	14.4
402		14 45	60	16	1.0	10.5		111 09	66.3	19.4
403		15 45	60	16	1.0	10.5		111 12	53.7	19.4
404		16 45	60	10	1.0	8.1		111 14	42.6	11.6
405		17 45	60	14	1.0	10.3		111 16	34.2	16.9
406	Juli 14	12 50	60	9	1.0	7.0		112 01	92.0	10.2
407		13 50	60	11	1.0	3.0		112 03	78.4	11.6
408		14 50	60	13	1.0	9.3		112 06	65.3	15.4
409		15 50	60	15	1.0	11.0		112 09	52.9	18.4
410		16 50	60	20	1.0	13.4		112 11	42.0	25.7
411		17 50	60	13	1.0	8.5		112 14	34.0	15.1
412	Juli 15	13 43	60	9	1.0	5.3		113 01	80.1	9.9
413		14 43	60	15	1.0	7.2		113 04	66.9	17.0
414		15 43	60	13	1.0	8.8		113 06	54.4	15.2
415		16 43	60	16	1.0	11.2		113 09	43.4	19.7
416		17 43	60	10	1.0	8.3		113 11	35.0	11.6
417	Juli 16	14 49	60	17	1.0	9.9		114 01	65.8	20.4
418		15 49	60	9	1.0	5.5		114 03	53.4	9.9
419		16 49	60	16	1.0	10.7		114 06	42.6	19.5
420		17 49	60	12	1.0	7.9		114 08	34.7	13.8
421	Juli 17	15 38	60	11	1.0	7.5		115 00	55.8	12.6
422		16 38	60	17	1.0	11.3		115 02	44.6	20.9
423		17 41	66	14	1.0	10.3		115 05	35.8	15.1
424	Juli 18	16 34	60	14	1.0	5.6		116 00	45.5	15.4
425		17 40	72	14	1.0	7.5		116 03	36.2	13.0
426	Juli 19	17 34	72	14	1.0	12.9		116 59	37.1	14.2
427	Juli 20	17 58	42	7	1.3 ☽ D	5.0		117 58	35.2	14.8
428	Juli 25	8 3	60	1	1.1 ☽	1.6		122 20	158.1	1.1
429	Juli 26	7 55	60	1	1.0	0.0		123 17	159.9	1.0
430		8 55	60	11	1.0	0.0		123 19	146.8	11.0
431	Juli 27	7 55	60	5	1.0	0.0		124 14	160.1	5.0
432		8 55	60	5	1.0	0.0		124 16	146.8	5.0
433		9 55	60	17	1.0	0.0		124 19	133.1	17.0
434	Juli 28	8 0	60	8	1.0	0.0		125 12	159.1	8.0
435		9 0	60	10	1.0	0.0		125 14	145.8	10.0
436		10 0	60	18	1.0	0.0		125 16	132.0	18.0
437		11 0	60	15	1.1 ☽	0.0		125 19	118.2	16.5
438	Juli 29	8 1	60	3	1.0	0.9		126 09	159.0	3.0
439		9 1	60	8	1.0	0.0		126 11	145.6	8.0
440		10 1	60	7	1.0	0.0		126 14	131.8	7.0

Nr.	Tag 1937	Zeit	D	n	f	t	Bem.	⊙	Z	n'
441	Juli 29	11^h 1^m	60^m	22	1.0	$0^m.0$		126°16′	118°.0	22.0
442		12 1	60	23	1.0	0.0		126 18	104.3	23.0
443	Juli 30	7 59	60	3	1.0	1.0		127 07	159.4	3.1
444		8 59	60	9	1.0	1.5		127 09	146.0	9.2
445		9 59	60	11	1.0	0.0		127 12	132.2	11.0
446		10 59	60	21	1.0	0.0		127 14	118.4	21.0
447		11 59	60	20	1.0	2.4		127 16	104.6	20.8
448		12 59	60	29	1.0	0.0		127 18	91.1	29.0
449	Juli 31	8 0	60	3	1.0	0.0		128 04	159.4	3.0
450		9 0	60	11	1.0	0.4		128 06	146.0	11.1
451		10 0	60	10	1.0	0.0		128 09	132.2	10.0
452		11 0	60	18	1.0	0.0		128 11	118.3	18.0
453		12 0	60	22	1.0	6.1		128 13	104.6	24.5
454		13 0	60	27	1.0	0.0		128 16	91.1	27.0
455		14 0	60	29	1.0	1.6		128 18	78.0	29.8
456	Aug. 1	8 0	60	1	1.0	0.0		129 01	159.5	1.0
457		9 0	60	10	1.0	0.0		129 04	146.0	10.0
458		10 0	60	11	1.0	0.0		129 06	132.3	11.0
459		11 0	60	13	1.0	0.0		129 09	118.4	13.0
460		12 0	60	9	1.0	2.3		129 11	104.7	9.4
461		13 0	60	19	1.0	0.0		129 14	91.2	19.0
462		14 0	60	17	1.0	8.0		129 16	78.1	19.6
463		15 0	60	22	1.0	12.8		129 19	65.6	28.0
464	Aug. 2	8 0	60	4	1.0	0.0		129 59	159.7	4.0
465		9 0	60	4	1.0	0.0		130 01	146.2	4.0
466		10 0	60	6	1.0	0.0		130 04	132.4	6.0
467		11 0	60	11	1.0	0.0		130 06	118.6	11.0
468		12 0	60	13	1.0	8.0		130 09	104.8	15.0
469		13 0	60	23	1.0	0.0		130 11	91.3	23.0
470		14 0	60	19	1.0	8.9		130 14	78.2	22.3
471		15 0	60	19	1.0	11.9		130 16	65.7	23.7
472		16 0	60	18	1.0	10.1		130 18	54.3	21.6
473		16 45	30	12	1.0	5.9		130 20	47.3	29.9
474	Aug. 3	7 58	60	6	1.0	0.0		130 56	160.2	6.0
475		8 58	60	10	1.0	0.0		130 58	146.6	10.0
476		9 58	60	11	1.0	7.6		131 01	132.8	12.6
477		10 58	60	15	1.0	10.6		131 03	118.9	18.2
478		11 58	60	14	1.0	6.7	AH (5A)	131 06	105.2	17.9
479		12 58	60	12	1.0	4.5	AH (3A)	131 08	91.7	14.8
480		13 58	60	18	1.0	8.5		131 10	78.7	21.0
481		14 58	60	26	1.0	12.1		131 13	66.3	32.6
482		15 58	60	18	1.0	11.3		131 15	54.9	22.2
483		16 58	60	18	1.0	13.3		131 18	45.4	23.1
484		17 49	42	13	1.0	7.0		131 20	40.0	22.3
485	Aug. 4	8 0	60	3	1.0	0.5		131 54	159.9	3.0
486		9 0	60	8	1.0	0.0		131 56	146.2	8.0
487		10 0	60	9	1.0	5.8		131 59	132.4	10.0
488		11 0	60	12	1.0	9.6		132 01	118.6	14.3
489		12 0	60	12	1.0	4.9	AH (2A)	132 04	104.9	14.9

Nr.	Tag 1937	Zeit	D	n	f	t	Bem.	⊙	Z	n′
490	Aug. 4	13ʰ 0ᵐ	60ᵐ	11	1.0	5ᵐ.7	AH (3A)	132°06′	91°.4	13.8
491		14 0	60	16	1.0	5.4		132 08	78.4	17.6
492		15 0	60	19	1.0	3.9		132 11	66.0	20.3
493		16 0	60	19	1.0	11.0		132 13	54.7	23.3
494		17 0	60	15	1.0	9.6		132 15	45.4	17.9
495		17 51	42	11	1.0	6.5		132 17	40.1	18.6
496	Aug. 5	8 0	60	2	1.1 ∞	0.0		132 51	160.0	2.2
497		9 0	60	3	1.1 ∞	0.0		132 53	146.3	3.3
498		10 0	60	7	1.0	4.8		132 56	132.5	7.6
499		11 0	60	5	1.0	4.5		132 58	118.7	5.4
500		12 0	60	16	1.0	6.9	AH (4A)	133 01	105.0	20.5
501		13 0	60	14	1.3 ∞W	4.9	AH (6A)	133 04	91.5	22.5
502		14 0	60	7	1.4 ∞W	3.1		133 06	78.6	10.3
503		15 0	60	16	1.2 W∞	1.9		133 09	66.2	19.8
504		16 53	60	15	1.1 ∞W	8.8		133 13	46.6	19.3
505		17 50	54	9	1.0	6.0		133 15	40.5	11.2
506	Aug. 6	8 2	60	3	1.0	1.6		133 49	159.6	3.1
507		9 2	60	1	1.0	0.0		133 51	145.9	1.0
508		10 2	60	7	1.0	3.5		133 54	132.1	7.4
509		11 2	60	11	1.0	8.5		133 56	118.4	12.8
510		12 2	60	11	1.0	3.3	AH	133 59	104.7	13.2
511		13 2	60	13	1.0	4.0	AH (1A)	134 01	91.2	15.8
512		14 2	60	12	1.0	5.2		134 03	78.3	13.1
513		15 2	60	17	1.0	2.9		134 06	65.9	17.9
514		16 2	60	18	1.0	10.3		134 08	54.7	21.7
515		17 2	60	20	1.0	13.6		134 10	45.6	25.9
516		17 53	42	10	1.0	7.2		134 11	40.5	17.2
517	Aug. 7	8 0	60	3	1.0	3.3		134 46	160.1	3.2
518		9 0	60	5	1.0	4.7		134 48	146.4	5.4
519		10 0	60	10	1.0	1.2		134 51	132.6	10.2
520		11 0	60	10	1.0	3.7		134 53	118.9	10.7
521		12 0	60	9	1.0	3.6	AH(1A)	134 56	105.2	10.9
522		13 0	60	12	1.0	4.2	AH(3A)	134 58	91.7	14.6
523		14 0	60	17	1.0	7.7		135 01	78.8	19.5
524		15 0	60	16	1.0	4.1		135 03	66.4	17.2
525		16 0	60	15	1.0	9.0		135 06	55.3	17.6
526		17 0	60	16	1.0	9.2		135 08	46.4	18.9
527		17 54	48	15	1.0	10.2		135 10	40.7	23.8
528	Aug. 8	8 0	60	4	1.0	1.8		135 44	160.2	4.1
529		9 0	60	5	1.0	3.0		135 46	146.6	5.3
530		10 0	60	5	1.0	4.2		135 49	132.7	5.4
531		11 0	60	4	1.0	5.2		135 51	118.9	4.4
532		12 0	60	7	1.0	2.5	AH(3A)	135 54	105.3	8.3
533		13 0	60	13	1.0	4.4	AH(2A)	135 56	91.8	15.9
534		14 0	60	12	1.0	5.4		135 58	78.9	13.2
535		15 0	60	14	1.0	8.5		136 01	66.7	16.3
536		16 0	60	18	1.0	10.3		136 04	55.5	21.7
537		17 0	60	14	1.0	10.2		136 06	47.4	16.9
538		17 54	48	15	1.0	7.9		136 08	41.0	22.4

Nr.	Tag 1937	Zeit	D	n	f	t	Bem.	⊙	Z	n'
539	Aug. 9	$8^h\ 0^m$	60^m	3	1.2 ☽	$1^m.5$	AH	136°42′	160°.3	4.2
540		9 0	60	9	1.0	2.9	AH	136 44	146.7	10.8
541		10 0	60	8	1.0	1.7		136 47	132.8	8.2
542		11 0	60	5	1.0	0.4		136 49	119.0	5.0
543		12 0	60	12	1.0	4.8		136 52	105.4	13.0
544		13 0	60	15	1.0	8.2		136 54	92.0	17.4
545		14 0	60	18	1.0	9.9		136 56	79.0	21.6
546		15 0	60	13	1.0	9.5		136 59	66.8	15.4
547		16 0	60	15	1.0	9.8		137 01	55.7	17.9
548		17 0	60	16	1.0	10.5		137 04	47.5	19.4
549		17 54	48	15	1.0	10.4		137 06	41.2	23.9
550	Aug. 10	8 45	60	1	1.3 ☽	0.4	AH	137 41	150.1	1.5
551		9 45	60	2	1.2 ☽	0.6	AH	137 43	136.2	2.7
552		10 45	60	5	1.0	4.0		137 46	122.4	5.4
553		11 45	60	10	1.0	3.5		137 48	108.8	10.6
554		12 45	60	12	1.0	7.5		137 51	95.4	13.7
555		13 45	60	15	1.0	9.1		137 53	82.3	17.7
556		14 45	60	9	1.0	6.4		137 56	69.9	10.1
557		15 45	60	13	1.0	10.1		137 58	58.5	15.6
558		16 45	60	17	1.0	12.6		138 01	48.8	21.5
559		17 45	60	17	1.0	13.2		138 03	42.1	21.8
560	Aug. 11	10 40	60	5	1.2 ☽	1.9	AH(1A)	138 42	123.7	7.0
561		11 40	60	11	1.0	0.0		138 44	110.0	11.0
562		12 40	60	12	1.0	4.7		138 47	96.6	13.0
563		13 40	60	12	1.0	4.3		138 50	83.5	12.9
564		14 40	60	11	1.0	8.7		138 53	71.0	12.9
565		15 40	60	12	1.0	9.6		138 55	59.5	14.3
566		16 40	60	21	1.0	13.6		138 58	49.7	27.2
567		17 40	60	17	1.0	9.8		139 00	42.8	20.3
568	Aug. 12	12 38	60	12	1.0	5.0		139 45	97.1	13.1
569		13 38	60	16	1.0	4.1		139 47	84.0	17.2
570		14 38	60	21	1.0	0.0		139 50	71.6	21.0
571		15 38	60	18	1.0	0.0		139 52	60.1	18.0
572		16 38	60	30	1.0	0.0		139 55	50.2	30.0
573		17 38	60	26	1.0	14.3		139 57	43.2	34.1
574	Aug. 13	13 33	60	8	1.0	6.5		140 46	85.2	9.0
575		14 33	60	19	1.0	0.0		140 48	72.7	19.0
576		15 33	60	16	1.0	5.6		140 50	61.2	17.6
577		16 33	60	10	1.0	7.6		140 52	51.2	11.5
578		17 36	66	12	1.0	6.6		140 55	43.6	12.1
579	Aug. 14	14 33	60	8	1.0	4.3		141 46	72.8	8.6
580		15 33	60	20	1.0	0.0		141 48	61.3	20.0
581		16 33	60	18	1.0	7.2		141 51	51.4	20.4
582		17 36	66	16	1.0	9.3		141 53	43.8	16.9
583	Aug. 15	15 29	60	21	1.0	6.2		142 45	62.2	23.4
584		16 29	60	14	1.0	6.2		142 48	52.1	15.6
585		17 35	72	19	1.0	12.3		142 51	44.2	19.1
586	Aug. 16	16 7	60	22	1.0	6.3		143 44	55.8	24.6
587		17 7	60	12	1.0	6.3		143 47	47.2	13.4

Nr.	Tag 1937	Zeit	D	n	f	t	Bem.	⊙	Z	n'
588	Aug. 16	17^h55^m	36^m	7	1.0	2^m9		143°49′	42°9	12.7
589	Aug. 17	16 53	60	14	1.0	6.8		144 44	49.2	15.8
590		17 47	48	6	1.0	2.9		144 46	43.6	8.0
591	Aug. 18	17 42	60	12	1.2 W	5.2		145 44	44.2	15.8
592	Aug. 24	8 4	60	2	1.0	0.0		151 07	160.5	2.0
593		8 55	42	0	1.2 ☽	0.0		151 09	148.7	0.0
594	Aug. 25	8 4	60	4	1.0	0.0		152 05	160.5	4.0
595		9 4	60	9	1.0	0.0		152 08	146.7	9.0
596		9 55	42	4	1.1 ☽	0.0		152 10	135.0	6.3
597	Aug. 26	8 4	60	5	1.0	0.0		153 03	160.6	5.0
598		9 4	60	11	1.0	0.0		153 05	146.8	11.0
599		10 4	60	11	1.0	0.0		153 08	133.0	11.0
600		10 58	48	5	1.1 ☽	0.0		153 10	120.7	6.9
601	Aug. 27	8 4	60	4	1.0	1.1		154 01	160.7	4.1
602		9 4	60	8	1.0	0.0		154 03	146.8	8.0
603		10 4	60	9	1.0	0.0		154 06	133.1	9.0
604		11 4	60	15	1.0	0.0		154 08	119.5	15.0
605		12 4	60	7	1.2 ☽	1.1		154 11	106.1	8.6
606	Aug. 28	8 4	60	7	1.0	1.6		154 59	160.7	7.2
607		9 4	60	4	1.0	0.5		155 01	146.9	4.0
608		10 4	60	1	1.0	0.0		155 04	133.2	1.0
609		11 4	60	13	1.0	0.0		155 06	119.6	13.0
610		12 4	60	16	1.0	1.6		155 09	106.2	16.4
611		13 4	60	9	1.1 ☽	6.2		155 11	93.1	11.0
612	Aug. 29	8 4	60	4	1.0	0.0		155 57	160.8	4.0
613		9 4	60	7	1.0	1.2		156 00	147.0	7.1
614		10 4	60	7	1.0	0.0		156 02	133.2	7.0
615		11 4	60	7	1.0	0.0		156 04	119.5	7.0
616		12 4	60	6	1.0	2.7		156 07	106.2	6.3
617		13 4	60	8	1.0	5.4		156 09	93.2	8.8
618		14 4	60	14	1.0	7.9		156 11	80.6	16.1
619	Aug. 30	8 5	60	2	1.0	0.0		156 55	160.7	2.0
620		9 5	60	5	1.0	0.0		156 58	146.8	5.0
621		10 5	60	3	1.0	0.0		157 00	133.0	3.0
622		11 5	60	11	1.0	0.6		157 02	119.4	11.1
623		12 5	60	11	1.0	3.2		157 05	106.1	11.6
624		13 5	60	11	1.0	0.0		157 07	93.1	11.0
625		14 5	60	11	1.0	6.0		157 09	80.5	12.2
626		15 5	60	9	1.0	6.7		157 12	68.8	10.1
627	Aug. 31	8 6	60	3	1.0	0.0		157 53	160.5	3.0
628		9 6	60	6	1.0	0.0		157 55	146.6	6.0
629		10 6	60	5	1.0	0.0		157 58	132.9	5.0
630		11 6	60	9	1.0	0.0		158 00	119.3	9.0
631		12 6	60	10	1.0	6.2		158 02	106.0	11.2
632		13 6	60	8	1.0	0.0		158 05	93.0	8.0
633		14 6	60	6	1.0	3.6		158 07	80.5	6.4
634		15 6	60	15	1.0	10.7		158 09	68.8	18.3
635		16 6	60	14	1.0	8.6		158 12	58.4	16.3
636	Sept. 1	8 6	60	3	1.0	0.0		158 51	160.6	3.0

Nr.	Tag 1937	Zeit	*D*	*n*	*f*	*t*	Bem.	⊙	*Z*	*n'*
637	Sept. 1	9h 6m	60m	6	1.0	0m0		158°53′	146°8	6.0
638		10 6	60	1	1.0	0.6		158 56	133.0	1.0
639		11 6	60	8	1.0	4.8		158 58	119.4	8.7
640		12 6	60	6	1.0	3.4	AH	159 00	106.1	7.3
641		13 6	60	3	1.0	1.6	AH	159 02	93.1	3.5
642		14 6	60	8	1.0	3.2		159 05	80.5	8.5
643		15 6	60	14	1.0	7.2		159 07	68.8	15.9
644		16 6	60	11	1.0	10.0		159 10	58.5	13.2
645		17 6	60	12	1.0	8.2		159 12	50.3	13.9
646		17 51	30	5	1.2 D☽	3.1		159 14	46.2	13.4
647	Sept. 2	8 42	60	2	1.0	0.0		159 50	152.3	2.0
648		9 42	60	6	1.0	3.3		159 52	138.6	6.3
649		10 42	60	5	1.0	4.4		159 55	124.9	5.4
650		11 42	60	10	1.0	7.6		159 57	111.4	11.5
651		12 42	60	9	1.0	5.7	AH	160 00	98.3	11.2
652		13 42	60	14	1.0	6.7	AH	160 02	85.6	17.9
653		14 42	60	11	1.1 ci	5.0		160 05	73.6	13.2
654		15 42	60	15	1.0	7.6		160 07	62.6	17.2
655		16 42	60	9	1.0	7.1		160 10	53.4	10.2
656		17 36	48	11	1.0	5.6		160 12	47.5	15.6
657	Sept. 3	8 24	60	3	1.0	0.0		160 48	156.5	3.0
658		9 24	60	0	1.0	0.0		160 50	142.7	0.0
659		10 24	60	5	1.2 ci	4.6		160 53	129.1	6.5
660		11 24	60	5	1.2 ci	3.8		160 55	115.6	6.4
661		12 24	60	13	1.0	7.9	AH	160 57	102.3	17.0
662		13 24	60	8	1.0	3.6	AH	161 00	89.5	9.6
663		14 24	60	10	1.0	4.7		161 03	77.2	10.8
664		15 24	60	17	1.0	7.7		161 05	65.9	19.5
665		16 24	60	7	1.0	5.1		161 07	56.1	7.7
666		17 27	66	16	1.0	8.8		161 10	48.4	16.8
667	Sept. 4	8 22	60	2	1.0	0.0		161 46	157.0	2.0
668		9 22	60	7	1.0	0.6		161 48	143.2	7.1
669		10 22	60	6	1.1 ci	5.0		161 51	129.6	7.2
670		11 22	60	11	1.0	6.9		161 53	116.1	12.4
671		12 22	60	16	1.0	7.7	AH	161 56	102.8	20.9
672		13 22	60	10	1.0	6.4	AH	161 58	90.0	12.7
673		14 22	60	12	1.0	4.2		162 01	77.7	12.9
674		15 22	60	11	1.0	3.3		162 04	66.4	11.6
675		16 22	60	16	1.0	8.5		162 06	56.4	18.6
676		17 25	66	9	1.0	3.9		162 08	48.8	8.7
677	Sept. 5	8 14	60	4	1.0	0.0		162 44	158.9	4.0
678		9 14	60	8	1.0	5.0		162 46	145.3	8.7
679		10 14	60	7	1.0	5.4		162 49	131.5	7.7
680		11 14	60	4	1.0	3.8		162 51	117.9	4.3
681		12 14	60	7	1.0	3.8	AH	162 54	104.7	8.5
682		13 14	60	6	1.0	2.8	AH	162 56	91.8	7.2
683		14 14	60	9	1.0	3.5		162 59	79.4	9.6
684		15 14	60	9	1.0	4.3		163 01	68.3	9.7
685		16 14	60	9	1.0	5.7		163 03	57.8	9.9

Nr.	Tag 1937	Zeit	D	n	f	t	Bem.	⊙	Z	n'
686	Sept. 5	$17^h 20^m$	72^m	17	1.0	$8^m.7$		163°06′	49°.4	16.1
687	Sept. 6	8 12	60	3	1.0	1.4		163 42	159.5	3.1
688		9 12	60	3	1.0	1.9		163 45	145.7	3.1
689		10 12	60	8	1.0	6.1		163 47	132.0	8.9
690		11 12	60	7	1.0	5.9		163 49	118.5	7.8
691		12 12	60	11	1.0	6.5	AH	163 52	105.2	14.0
692		13 12	60	9	1.0	5.2	AH	163 54	92.3	11.2
693		14 12	60	10	1.0	5.5		163 57	79.9	11.0
694		15 12	60	15	1.0	3.5		163 59	68.4	15.9
695		16 12	60	8	1.0	5.0		164 01	58.2	8.7
696		17 18	72	11	1.0	6.9		164 04	49.7	10.1
697	Sept. 7	8 20	60	3	1.0	1.5	AH	164 40	157.7	3.5
698		9 20	60	5	1.0	0.8		164 42	143.9	5.1
699		10 20	60	3	1.0	0.0		164 45	130.3	3.0
700		11 20	60	6	1.0	0.0		164 47	116.7	6.0
701		12 20	60	7	1.0	0.0		164 50	103.5	7.0
702		13 20	60	6	1.0	3.8		164 53	90.7	6.4
703		14 20	60	4	1.0	2.1		164 56	78.4	4.1
704		15 20	60	13	1.0	7.2		164 58	67.0	14.8
705		16 20	60	12	1.0	6.7		165 01	57.1	13.5
706		17 20	60	11	1.0	5.8		165 03	49.6	12.2
707	Sept. 8	8 20	60	4	1.2 ☽	2.7	AH	165 39	157.8	5.7
708		9 20	60	2	1.0	1.8	AH	165 41	144.0	2.4
709		10 20	60	5	1.0	2.9		165 44	130.4	5.3
710		11 20	60	4	1.0	3.9		165 46	116.9	4.3
711		12 20	60	9	1.0	6.6		165 49	103.7	10.1
712		13 20	60	18	1.0	1.7		165 51	90.8	18.5
713		14 20	60	17	1.0	5.8		165 54	78.6	18.8
714		15 20	60	8	1.0	5.1		165 56	67.2	8.7
715		16 20	60	14	1.0	9.8		165 59	57.3	16.7
716		17 20	60	16	1.0	9.6		166 01	49.7	19.0
717	Sept. 9	10 20	60	6	1.0	3.5	AH	166 42	130.5	7.3
718		11 20	60	6	1.0	2.6		166 45	117.0	6.3
719		12 20	60	6	1.0	1.7		166 47	103.8	6.2
720		13 20	60	7	1.0	2.3		166 49	91.0	7.3
721		14 20	60	10	1.2 ci	0.0		166 52	78.7	12.0
722		15 20	60	9	1.2 ci	4.1		166 54	67.3	11.6
723		16 20	60	14	1.0	8.9		166 57	57.4	16.4
724		17 20	60	8	1.0	3.5		166 59	49.9	8.5
725	Sept. 10	11 15	60	7	1.2 ☽	3.3	AH	167 43	118.2	10.1
726		12 15	60	4	1.0	0.7		167 45	104.9	4.0
727		13 15	60	8	1.0	3.6		167 48	92.1	8.5
728		14 15	60	8	1.0	0.7		167 50	79.8	8.1
729		15 15	60	19	1.0	7.2		167 53	68.3	21.6
730		16 15	60	10	1.0	7.2		167 55	58.3	11.4
731		17 18	66	9	1.0	4.7		167 58	50.2	8.8
732	Sept. 11	13 15	60	4	1.0	3.8		168 46	92.2	4.3
733		14 15	60	10	1.0	0.8		168 49	79.9	10.1
734		15 15	60	16	1.0	7.3		168 51	68.4	18.2

Nr.	Tag 1937	Zeit	D	n	f	t	Bem.	⊙	Z	n'
735	Sept. 11	16ʰ15ᵐ	60ᵐ	14	1.0	8ᵐ5		168°54'	58°3	16.3
736		17 18	66	13	1.0	6.9		168 57	50.3	13.2
737	Sept. 12	13 57	60	11	1.0	6.0		169 47	83.5	12.2
738		14 57	60	11	1.0	3.5		169 49	71.8	11.7
739		15 57	60	12	1.0	8.0		169 51	61.3	13.8
740		16 57	60	11	1.0	6.0		169 53	52.7	12.2
741		17 42	30	5	1.3 D	2.5		169 55	48.2	14.2
742	Sept. 13	14 39	60	11	1.0	3.1		170 47	75.3	11.6
743		15 39	60	12	1.0	0.9		170 49	64.4	12.2
744		16 39	60	5	1.0	2.8		170 51	55.1	5.2
745		17 30	42	12	1.1 D	4.3		170 53	49.3	21.0
746	Sept. 15	16 14	60	12	1.0	6.6		172 48	58.9	13.5
747		17 17	66	13	1.0	6.0		172 50	50.7	13.0
748	Sept. 16	16 51	60	13	1.0	7.1		173 47	53.8	14.7
749		17 36	30	6	1.2 D	1.9		173 49	49.0	15.4
750	Sept. 17	17 25	54	5	1.2 D ☽	2.1		174 47	50.1	6.9
751	Sept. 22	8 24	72	4	1.0	0.0		179 18	158.0	3.3
752	Sept. 23	8 21	60	7	1.0	0.0		180 17	158.7	7.0
753		9 27	72	5	1.0	0.0		180 19	144.6	4.2
754	Sept. 24	8 20	60	1	1.0	0.0		181 15	159.0	1.0
755		9 20	60	4	1.0	0.0		181 17	145.3	4.0
756		10 26	72	8	1.0	0.0		181 20	130.3	6.7
757	Sept. 25	8 19	60	2	1.0	0.0		182 15	159.3	2.0
758		9 19	60	5	1.0	0.0		182 17	145.6	5.0
759		10 19	60	7	1.0	1.4		182 20	132.0	7.2
760		11 25	72	9	1.0	0.8		182 22	117.2	7.6
761	Sept. 26	8 18	60	2	1.0	0.5		183 13	159.6	2.0
762		9 18	60	4	1.0	0.0		183 15	145.9	4.0
763		10 18	60	8	1.0	1.1		183 18	132.3	8.1
764		11 18	60	6	1.0	0.0		183 21	118.8	6.0
765		12 18	60	13	1.0	0.0		183 23	105.6	13.0
766		13 18	60	7	1.4 ☽	3.2		183 26	92.7	10.4
767	Sept. 27	8 19	60	5	1.0	0.9		184 12	159.5	5.1
768		9 19	60	5	1.0	0.0		184 15	145.8	5.0
769		10 19	60	7	1.0	0.0		184 17	132.1	7.0
770		11 19	60	8	1.0	0.0		184 20	118.6	8.0
771		12 19	60	8	1.0	0.0		184 22	105.4	8.0
772		13 28	78	9	1.0	0.0		184 25	90.7	6.9
773	Sept. 28	8 18	60	1	1.0	0.0		185 11	159.8	1.0
774		9 18	60	7	1.0	0.0		185 13	146.1	7.0
775		10 18	60	4	1.0	0.0		185 16	132.4	4.0
776		11 18	60	8	1.0	0.0		185 18	118.9	8.0
777		12 18	60	7	1.0	2.8		185 21	105.7	7.3
778		13 18	60	8	1.0	0.0		185 23	92.8	8.0
779		14 18	60	3	1.0	0.0		185 26	80.5	3.0
780		15 18	60	9	1.2 ☽	4.0		185 28	69.1	11.6
781	Sept. 29	8 18	60	3	1.0	0.3		186 10	159.9	3.0
782		9 18	60	5	1.0	0.0		186 12	146.3	5.0
783		10 18	60	6	1.0	0.0		186 15	132.5	6.0

Nr.	Tag 1937	Zeit	D	n	f	t	Bem.	⊙	Z	n'
784	Sept. 29	11^h18^m	60^m	5	1.0	$0^m.0$		186°17′	119°.0	5.0
785		12 18	60	8	1.0	4.0		186 20	105.8	8.6
786		13 18	60	5	1.0	0.0		186 22	92.9	5.0
787		14 18	60	11	1.0	3.7		186 25	80.5	11.7
788		15 18	60	4	1.0	3.4		186 27	69.1	4.2
789		16 18	60	9	1.2 ☽	5.8		186 30	58.9	12.0
790	Sept. 30	8 19	60	2	1.6 W	0.7		187 09	159.7	3.2
791		9 28	78	4	1.8 W	3.9		187 12	143.9	5.8
792		16 35	60	7	1.3 W ☽	5.7		187 29	56.4	10.1
793		17 20	30	3	1.6 W ☽	2.5		187 31	50.8	10.5
794	Okt. 2	10 28	60	4	1.2 W	2.6		189 12	130.4	5.0
795		11 28	60	4	1.2 W	0.0		189 15	117.0	4.8
796		12 16	36	3	1.8 W	0.0		189 17	106.4	9.0
797		13 36	42	4	1.3 W	3.2		189 20	89.3	8.0
798	Okt. 4	8 22	60	3	1.0	1.5		191 06	159.3	3.1
799		9 22	60	4	1.1 W	0.0		191 09	145.5	4.4
800		10 22	60	6	1.0	1.6		191 11	131.9	6.2
801		11 22	60	7	1.0	0.0		191 14	118.3	7.0
802		12 22	60	9	1.0	1.4		191 16	105.1	9.2
803		13 22	60	7	1.0	0.0		191 19	92.2	7.0
804		14 22	60	7	1.0	2.4		191 21	79.9	7.3
805		15 22	60	8	1.0	6.3		191 23	68.4	8.9
806		16 22	60	13	1.0	9.5		191 25	58.3	15.4
807		17 13	42	7	1.1 D	5.3		191 27	51.5	12.6
808	Okt. 5	10 48	60	7	1.0	0.0		192 10	126.1	7.0
809		11 48	60	12	1.0	0.0		192 12	112.7	12.0
810		12 48	60	7	1.0	3.6		192 15	99.5	7.4
811		13 48	60	5	1.0	0.0		192 18	86.8	5.0
812		14 48	60	11	1.0	8.1		192 20	74.8	12.7
813		15 48	60	10	1.0	8.9		192 23	63.8	11.7
814		16 51	66	7	1.0	4.7		192 26	54.1	6.9
815	Okt. 6	8 22	60	4	1.0	1.5		193 04	159.4	4.1
816		9 22	60	3	1.0	0.0		193 06	145.7	3.0
817		10 22	60	1	1.2 W	0.0		193 09	132.0	1.2
818		11 22	60	7	1.0	6.0		193 11	118.5	7.8
819		12 22	60	10	1.0	8.0		193 14	105.2	11.5
820		13 22	60	9	1.0	1.3		193 17	92.3	9.2
821		14 22	60	9	1.0	8.5		193 19	79.9	10.5
822		15 22	60	10	1.0	8.4		193 22	68.4	11.6
823		16 22	60	10	1.0	7.9		193 24	58.3	11.5
824		17 10	36	6	1.0	4.8		193 26	51.8	11.5
825	Okt. 7	8 23	60	3	1.1 ☽	3.0		194 03	159.3	3.5
826		9 23	60	6	1.0	0.0		194 05	145.5	6.0
827		10 23	60	5	1.0	0.0		194 08	131.8	5.0
828		11 23	60	9	1.0	0.0		194 10	118.3	9.0
829		12 23	60	12	1.0	5.4		194 13	105.1	13.2
830		13 23	60	6	1.0	1.0		194 15	92.2	6.1
831		14 23	60	9	1.0	7.3		194 18	79.7	10.2
832		15 23	60	8	1.0	6.6		194 21	68.2	9.0

Nr.	Tag 1937	Zeit	D	n	f	t	Bem.	☉	Z	n'
833	Okt. 7	$16^h 23^m$	60^m	14	1.0	$9^m 3$		194° 23′	58°.1	16.6
834		17 8	30	6	1.0	4.2		194 25	51.9	14.0
835	Okt. 8	8 50	60	2	1.3 ☽	1.4	AH	195 03	153.1	3.1
836		9 50	60	6	1.1 ☽	2.1	AH	195 05	139.3	7.7
837		10 50	60	6	1.0	0.4		195 08	125.7	6.0
838		11 50	60	8	1.0	0.0		195 10	112.3	8.0
839		12 50	60	14	1.0	6.1		195 13	99.2	15.6
840		13 50	60	18	1.0	4.7		195 15	86.4	19.5
841		14 50	60	12	1.0	8.7		195 18	74.4	14.0
842		15 50	60	18	1.0	11.7		195 20	63.4	22.4
843		16 50	60	18	1.0	10.0		195 23	54.1	21.6
844	Okt. 9	10 50	60	4	1.3 ☽ W	3.2		196 08	125.8	5.5
845		11 50	60	8	1.3 W	7.0		196 10	112.4	11.8
846		12 50	60	7	1.0	0.0		196 13	99.2	7.0
847		13 50	60	10	1.0	0.0		196 15	86.4	10.0
848		14 50	60	7	1.0	5.6		196 18	74.4	7.7
849		15 50	60	6	1.0	5.1		196 20	63.4	6.6
850		16 50	60	13	1.0	7.2		196 23	54.1	14.8
851	Okt. 10	12 38	60	7	1.0	5.9		197 11	101.8	7.8
852		13 38	60	12	1.1 W	1.6		197 13	89.0	13.6
853		14 38	60	9	2.0 W	3.3		197 16	76.8	19.0
854		16 6	60	12	1.2 W	7.9		197 20	60.7	16.6
855		17 0	48	6	1.1 WD	3.7		197 22	52.7	8.9
856	Okt. 11	13 34	60	9	1.3 W	7.7		198 13	89.8	13.4
857		14 34	60	10	1.0	1.6		198 15	77.5	10.3
858		15 34	60	7	1.0	4.8		198 18	66.1	7.6
859		16 43	78	12	1.0	6.6		198 20	54.9	10.1
860	Okt. 12	16 58	54	11	1.1 WD	7.0		199 21	52.8	15.4
861	Okt. 13	14 43	60	7	1.0	3.1		200 15	75.7	7.4
862		15 43	60	11	1.0	6.5		200 17	64.4	12.3
863		16 46	66	13	1.0	7.7		200 20	54.3	13.4
864	Okt. 14	15 14	60	17	1.0	10.2		201 16	69.7	20.5
865		16 14	60	20	1.0	2.9		201 18	59.1	21.0
866		17 2	36	6	1.0	3.9		201 20	52.1	11.2
867	Okt. 15	15 48	60	14	1.0	9.7		202 17	63.4	16.7
868		16 48	60	12	1.0	6.4		202 19	53.9	13.4
869	Okt. 16	16 46	66	8	1.0	6.3		203 19	54.1	8.0
870	Okt. 22	9 25	60	2	1.3 W	0.6		208 58	145.5	2.6
871	Okt. 23	8 31	60	2	1.0	0.0		209 55	157.9	2.0
872		9 31	60	6	1.0	1.7		209 57	144.1	6.2
873		10 31	60	9	1.0	0.0		210 00	130.3	9.0
874	Okt. 24	8 29	60	3	1.0	1.4		210 56	158.5	3.1
875		9 29	60	10	1.0	0.5		210 58	144.6	10.1
876		10 29	60	10	1.0	0.7		211 01	130.8	10.1
877		11 29	60	11	1.0	0.7		211 03	117.2	11.1
878	Okt. 25	8 27	60	6	1.0	3.0	AH	211 55	158.9	7.1
879		9 27	60	9	1.0	0.0		211 57	145.0	9.0
880		10 27	60	10	1.0	0.7		212 00	131.2	10.1
881		11 27	60	13	1.0	1.6		212 02	117.5	13.4

Nr.	Tag 1937	Zeit	D	n	f	t	Bem.	⊙	Z	n'
882	Okt. 25	$12^h 27^m$	60^m	12	1.0	$7^m.7$		212°05'	104°.1	13.8
883	Okt. 26	8 28	60	3	1.1 W	0.0		212 55	158.7	3.3
884		9 34	72	4	2.0 W	1.3		212 58	143.4	6.8
885	Okt. 28	8 40	66	9	1.1 W	2.0		214 56	155.8	9.3
886		12 58	36	4	2.0 W	4.0		215 07	97.0	15.0
887	Okt. 29	13 59	36	4	2.0 W	5.0		216 08	83.8	15.5
888		16 12	60	21	1.0	15.0		216 14	57.7	28.0
889		16 57	30	6	1.2 D ☽	4.5		216 16	50.6	16.9
890	Okt. 30	8 30	60	3	1.1 ci	0.0		216 55	158.0	3.3
891		9 15	30	4	1.2 W	0.0		216 57	147.7	9.6
892		10 31	60	6	1.1 W	0.4		217 00	130.2	6.6
893		11 31	60	5	1.9 W	0.0		217 02	116.4	9.5
894		12 31	60	8	1.6 W	1.6		217 05	102.9	13.2
895		13 31	60	15	1.1 W	2.1		217 07	89.7	17.1
896		14 31	60	11	1.0	8.5		217 10	77.0	12.8
897		15 31	60	14	1.1 W	9.7		217 12	65.0	18.4
898		16 31	60	19	1.0	11.7		217 14	54.4	23.6
899	Okt. 31	8 30	60	9	1.0	1.4		217 55	158.0	9.2
900		9 21	42	5	1.3 W	0.0		217 57	146.2	9.3
901		12 56	60	15	1.4 W	1.5		218 06	97.3	21.5
902		13 56	60	16	1.7 W	5.8		218 08	84.2	30.1
903		14 56	60	18	1.0	0.0		218 10	71.8	18.0
904		15 56	60	17	1.0	10.8		218 13	60.2	20.7
905		16 44	36	12	1.0	7.5		218 15	52.2	25.3
906	Nov. 1	8 30	60	4	1.0	0.0		218 55	158.0	4.0
907		9 30	60	7	1.0	0.0		218 57	144.2	7.0
908		10 30	60	4	1.6 W	1.2		219 00	130.3	6.5
909		11 18	36	5	2.0 W	4.8		219 02	119.3	19.2
910		15 6	60	15	1.0	5.4		219 12	69.6	16.5
911		16 6	60	18	1.0	0.8		219 14	58.3	18.2
912		16 51	30	11	1.0	6.2		219 16	50.9	27.7
913	Nov. 2	11 21	60	12	1.3 W	7.4		220 02	118.5	17.8
914		12 20	30	3	2.0 W	1.1		220 05	105.2	12.5
915	Nov. 3	8 50	60	3	1.1 W	0.0		220 57	153.3	3.3
916		9 50	60	9	1.2 W	0.0		220 59	139.5	10.8
917		10 50	60	7	1.7 W	4.4		221 01	125.6	12.8
918	Nov. 4	8 38	60	8	1.0	0.6		221 55	156.0	8.1
919		9 38	60	9	1.0	0.0		221 57	142.2	9.0
920		10 38	60	11	1.0	0.0		222 00	128.3	11.0
921		11 38	60	12	1.0	2.8		222 02	114.6	12.6
922		12 38	60	20	1.0	3.6		222 05	101.0	21.3
923		13 38	60	21	1.0	14.2		222 07	87.7	27.5
924		14 38	60	16	1.0	10.0		222 10	74.9	19.2
925		15 38	60	18	1.0	12.1		222 13	63.0	22.5
926		16 38	60	23	1.0	14.3		222 15	52.3	30.2
927	Nov. 5	8 32	60	8	1.0	2.2		222 55	157.2	8.3
928		9 32	60	9	1.0	0.0		222 57	143.4	9.0
929		10 32	60	10	1.0	0.0		223 00	129.6	10.0
930		11 32	60	19	1.0	1.7		223 02	115.8	19.6

Nr.	Tag 1937	Zeit	D	n	f	t	Bem.	⊙	Z	n'
931	Nov. 5	12h32m	60m	17	1.0	7m6		223°05'	102°2	19.5
932		13 32	60	15	1.0	9.3		223 07	88.9	17.7
933		14 32	60	19	1.0	10.7		223 10	76.0	23.1
934		15 32	60	21	1.0	14.4		223 12	64.0	27.6
935		16 32	60	14	1.0	10.5		223 15	53.1	17.0
936	Nov. 6	8 32	60	4	1.1 ☽ D	0.2		223 56	157.1	4.4
937		9 32	60	4	1.0	0.0		223 59	143.3	4.0
938		10 32	60	6	1.0	0.0		224 01	129.5	6.0
939		11 32	60	9	1.0	1.7		224 04	115.7	9.3
940		12 32	60	12	1.0	7.5		224 06	102.1	13.7
941		13 32	60	22	1.0	16.9		224 09	88.8	30.6
942		14 32	60	14	1.0	10.7		224 11	75.9	17.0
943		15 32	60	15	1.0	9.9		224 14	63.8	18.0
944		16 32	60	17	1.0	10.3		224 16	52.9	20.5
945	Nov. 7	8 32	60	4	1.3 ☽ D	4.2		224 56	157.1	5.6
946		9 32	60	4	1.1 ☽	1.1		224 58	143.3	4.5
947		10 32	60	16	1.0	0.0		225 01	129.5	16.0
948		11 32	60	14	1.0	0.0		225 03	115.7	14.0
949		12 32	60	13	1.0	6.0		225 06	102.1	14.4
950		13 32	60	16	1.0	7.1		225 08	88.7	18.1
951		14 32	60	13	1.0	11.1		225 11	75.8	16.0
952		15 32	60	17	1.0	15.2		225 13	63.7	22.8
953		16 32	60	15	1.0	8.6		225 16	52.7	17.5
954	Nov. 8	10 30	60	9	1.2 ☽	7.7		226 01	129.8	12.4
955		11 30	60	7	1.0	6.3		226 03	116.0	7.8
956		12 30	60	12	1.0	4.9		226 06	102.3	13.1
957		13 30	60	21	1.0	7.5		226 08	89.0	24.0
958		14 30	60	7	1.0	7.6		226 11	76.0	8.0
959		15 30	60	17	1.0	13.4		226 13	63.8	21.9
960		16 30	60	9	1.0	6.5		226 16	52.8	10.1
961	Nov. 9	11 30	60	10	1.1 ☽	6.6		227 04	116.0	12.4
962		12 30	60	14	1.0	4.2		227 06	102.3	15.1
963		13 30	60	15	1.0	11.5		227 09	88.9	18.6
964		14 30	60	15	1.0	9.5		227 11	75.9	17.8
965		15 30	60	18	1.0	12.8		227 14	63.7	22.9
966		16 30	60	19	1.0	12.0		227 17	52.6	23.8
967	Nov. 10	12 30	60	8	1.3 ☽	5.2		228 07	102.2	11.4
968		13 30	60	12	1.0	1.4		228 09	88.8	12.3
969		14 21	42	5	1.3 W	2.7		228 11	77.7	9.9
970	Nov. 11	13 30	60	11	1.1 ☽	6.6		229 10	88.6	13.6
971		14 30	60	16	1.0	7.5		229 12	75.6	18.3
972		15 30	60	12	1.0	8.4		229 15	63.3	14.0
973		16 30	60	14	1.0	9.3		229 17	52.2	16.6
974	Nov. 13	14 54	60	10	1.1 ☽W	7.4		231 14	70.2	12.5
975	Nov. 14	15 39	42	8	1.0	6.0	+ 3L	232 16	60.9	13.3
976		16 30	60	17	1.0	0.0	+11L	232 19	51.5	17.0
977	Nov. 15	16 30	60	13	1.1 ☽ D	12.2	+ 9L	233 19	51.2	17.9
978	Nov. 20	8 48	60	3	1.3 W	1.1		238 02	151.6	4.0
979		9 33	30	3	1.2 ☽W	0.0		238 04	141.6	7.2

Nr.	Tag 1937	Zeit	*D*	*n*	*f*	*t*	Bem.	☉	*Z*	*n'*
980	Nov. 22	$10^h 30^m$	60^m	6	1.3 W	$5^m.5$		240°08′	128°.2	8.6
981		11 15	30	3	1.4 W	1.9		240 10	117.8	9.0
982	Nov. 23	9 16	60	6	1.0	0.8		241 05	144.9	6.1
983		10 16	60	5	1.0	0.0		241 08	131.2	5.0
984		11 16	60	9	1.0	0.0		241 10	117.4	9.0
985		12 16	60	11	1.5 W☽	0.7		241 13	103.6	16.7
986	Nov. 24	8 50	60	6	1.0	2.0		242 05	150.5	6.2
987		9 50	60	8	1.0	0.0		242 07	137.0	8.0
988		10 50	60	5	1.0	0.0		242 10	123.2	5.0
989		11 50	60	7	1.0	4.7		242 12	109.4	7.6
990		12 50	60	18	1.0	3.2		242 15	95.6	19.0
991		13 50	60	12	1.3 ☽	6.6		242 17	82.1	17.5
992	Nov. 25	8 50	60	5	1.0	1.0		243 05	150.3	5.1
993		9 50	60	5	1.0	0.0		243 08	136.9	5.0
994		10 50	60	10	1.0	0.0		243 10	123.1	10.0
995		11 50	60	11	1.0	6.9		243 13	109.3	12.4
996		12 50	60	6	1.0	4.1		243 15	95.5	6.4
997		13 50	60	12	1.1 ☽	7.2		243 18	81.9	15.0
998		14 56	72	12	1.2 ☽	7.9		243 20	67.4	13.5
999	Nov. 26	8 50	60	2	1.0	2.0		244 06	150.1	2.1
1000		9 50	60	10	1.0	0.0		244 08	136.7	10.0
1001		10 50	60	6	1.5 W	1.4		244 11	122.9	9.2
1002		15 5	60	14	1.1 ☽W	9.5		244 22	65.3	18.3
1003		16 11	72	11	1.2 ☽	7.3		244 25	51.9	12.2
1004	Nov. 27	13 14	60	9	1.1 W	7.3		245 18	89.7	11.3
1005		14 14	60	14	1.4 W	5.4		245 20	76.2	21.5
1006		15 14	60	15	1.3 W☽	5.0		245 23	63.2	21.3
1007		16 14	60	12	1.2 ☽W	8.2		245 25	51.1	16.7
1008	Nov. 30	12 12	42	10	1.5 W	6.7		248 18	103.3	25.5
1009	Dez. 2	15 46	60	12	2.0 W	7.4		250 29	55.3	27.4
1010	Dez. 3	15 18	60	11	1.2 W	7.2		251 28	60.9	15.0
1011		16 24	72	27	1.0	8.6		251 31	47.5	25.6
1012	Dez. 5	12 7	60	12	1.0	8.0		253 22	103.5	13.8
1013		14 18	60	17	1.0	11.0		253 27	73.6	20.8
1014		15 18	60	22	1.0	11.7		253 30	60.4	27.3
1015		16 24	72	23	1.0	14.2		253 33	46.9	23.9
1016	Dez. 6	10 24	60	5	1.0	0.0		254 18	127.0	5.0
1017		12 24	60	7	1.1 W	3.5		254 23	99.4	8.2
1018		13 24	60	17	1.2 W	0.0		254 25	85.6	20.4
1019		14 24	60	21	1.0	7.4		254 28	72.0	24.0
1020		15 24	60	20	1.0	13.1		254 31	58.9	25.6
1021		16 24	60	19	1.0	11.1		254 34	46.6	23.3
1022	Dez. 7	10 25	60	2	1.1 ☽W	0.0	0G	255 20	126.6	2.2
1023		11 25	60	4	1.6 W	0.0	0G	255 22	112.7	6.4
1024		12 25	60	9	1.0	8.1	+ 3G	255 25	98.9	10.4
1025		13 25	60	27	1.0	0.0	+ 5G	255 27	85.2	27.0
1026		14 25	60	13	1.0	5.2	+ 4G	255 30	71.6	14.2
1027		15 25	60	15	1.0	11.0	+ 3G	255 32	58.5	18.4
1028		16 25	60	21	1.0	12.8	+ 1G	255 35	46.2	26.7

Nr.	Tag 1937	Zeit	D	n	f	t	Bem.	⊙	Z	n'
1029	Dez. 8	9^h18^m	60^m	4	1.3 ☽W	$0^m.5$	0G	256°18'	141°.2	5.2
1030		10 18	60	4	1.1 ☽	0.0	+ 1G	256 20	127.9	4.4
1031		11 18	60	9	1.0	0.0	+ 3G	256 23	114.2	9.0
1032		12 18	60	11	1.0	3.8	+ 3G	256 25	100.4	11.7
1033		13 18	60	13	1.0	2.1	+ 6G	256 28	86.6	13.5
1034		14 18	60	18	1.0	8.4	+ 2G	256 30	72.9	20.9
1035		15 18	60	12	1.0	11.9	+ 6G	256 33	59.7	15.0
1036		16 18	60	15	1.0	11.2	+ 2G	256 36	47.2	18.4
1037	Dez. 9	10 27	60	5	1.3 ☽	4.6	0G	257 22	125.7	7.0
1038		11 27	60	10	1.2 ☽W	7.9	+ 4G	257 25	112.0	13.8
1039		12 27	60	7	1.2 W	8.2	+ 4G	257 27	98.1	9.7
1040		13 27	60	15	1.0	3.4	+ 1G	257 29	84.4	15.9
1041		14 27	60	23	1.0	3.4	+ 1G	257 32	70.7	24.4
1042		15 27	60	13	1.0	11.3	+ 2G	257 34	57.5	16.0
1043		16 27	60	23	1.0	12.3	+ 1G	257 37	45.2	28.9
1044	Dez. 10	13 20	60	10	1.0	6.7	+ 5G	258 30	85.7	11.3
1045		14 20	60	18	1.0	0.0	+ 5G	258 33	72.0	18.0
1046		15 20	60	17	1.0	7.7	+ 4G	258 35	58.7	19.5
1047		16 20	60	22	1.0	9.8	+ 2G	258 38	46.2	26.3
1048	Dez. 12	14 18	60	25	1.0	14.7	+14G	260 35	72.0	33.1
1049		15 18	60	15	1.8 W	5.0	+ 5G	260 37	58.7	29.5
1050		16 21	66	17	1.0	4.6	+18G	260 40	45.5	16.6
1051	Dez. 13	16 22	42	9	1.2 W	9.2	+ 8G	261 41	45.0	19.8
1052	Dez. 15	16 30	60	15	1.3 ☽	9.4	+ 1G	263 43	42.8	23.1
1053	Dez. 19	9 2	60	3	1.3 ☽	0.0	*	267 28	140.9	3.9
1054	Dez. 20	9 4	60	3	1.0	0.0	*	268 29	140.2	3.0
1055		9 55	42	3	1.2 ☽	0.0	*	268 31	129.5	5.1
1056	Dez. 21	9 8	60	6	1.0	0.8		269 31	139.8	6.1
1057		10 17	78	10	1.0	0.0		269 34	125.1	7.7
1058	Dez. 22	9 8	60	3	1.0	0.0		270 32	139.6	3.0
1059		10 8	60	4	1.0	0.0		270 35	126.9	4.0
1060		11 8	60	10	1.0	0.0		270 37	113.5	10.0
1061	Dez. 23	9 13	60	5	1.0	1.5		271 33	138.2	5.1
1062		10 13	60	7	1.0	0.0		271 35	125.5	7.0
1063		11 13	60	9	1.0	0.0		271 38	112.1	9.0
1064		12 13	60	6	1.2 ☽	2.2		271 40	98.4	7.5
1065		13 13	60	8	1.4 ☽	4.9		271 43	84.5	12.2
1066	Dez. 24	9 11	60	7	1.0	3.3		272 34	138.3	7.4
1067		10 11	60	9	1.0	1.7		272 36	125.7	9.3
1068		11 11	60	8	1.0	3.7		272 39	112.3	8.5
1069		12 11	60	15	1.0	2.6		272 41	98.6	15.7
1070		13 11	60	12	1.2 ☽	3.8		272 44	84.8	15.4
1071	Dez. 25	9 10	60	9	1.0	4.7		273 35	138.3	9.8
1072		10 10	60	6	1.0	0.0		273 37	125.7	6.0
1073		11 10	60	6	1.0	0.0		273 40	112.3	6.0
1074		12 10	60	10	1.0	4.1		273 42	98.6	10.7
1075		13 10	60	10	1.0	7.7		273 45	84.8	11.5

* Auf Farm Dordabis $\lambda = 17°41' E$ $\varphi = -22°58'$

Nr.	Tag 1937/1938	Zeit	D	n	f	t	Bem.	⊙	Z	n'
1076	Dez. 25	$14^h 10^m$	60^m	13	1.2☽	$7^m.3$		273°48′	71°.0	17.8
1077	Dez. 26	9 10	60	6	1.0	4.9		274 37	138.0	6.5
1078		10 10	60	7	1.4 W	1.8		274 40	125.4	10.1
1079		11 10	60	7	1.3 W	1.2		274 42	112.1	9.3
1080		12 10	60	8	1.1 W	3.8		274 45	98.4	9.4
1081		13 10	60	10	1.0	7.3		274 47	84.6	11.4
1082		14 10	60	12	1.0	7.4		274 49	70.8	13.7
1083	Dez. 27	10 36	60	7	1.2 W	7.8		275 41	119.5	9.7
1084		11 36	60	10	1.0	7.2		275 43	106.0	11.4
1085		12 36	60	9	1.1 W	5.2		275 46	92.2	10.8
1086		13 36	60	6	1.0	5.1		275 48	78.4	6.6
1087		14 36	60	12	1.0	9.6		275 51	64.6	14.3
1088		15 36	60	15	1.0	6.5		275 54	51.0	16.8
1089	Dez. 28	10 7	78	11	1.2 W	3.4		276 41	125.6	10.6
1090		13 25	60	17	1.0	7.9		276 49	80.7	19.3
1091		14 25	60	12	1.0	0.9		276 52	66.9	12.2
1092		15 25	60	13	1.0	10.6		276 54	53.3	15.8
1093		16 25	60	15	1.1 ☽D	9.3		276 57	40.2	19.5
1094	Dez. 29	14 34	60	10	1.1 W	7.3		277 54	64.6	12.5
1095		15 34	60	11	1.2 W	0.0		277 57	51.0	13.2
1096		16 34	60	9	1.1 DW	5.6		277 59	38.0	10.9
1097	Dez. 31	12 36	60	9	1.0	7.5		279 51	91.4	10.3
1098		13 36	60	10	1.1 W	0.0		279 53	77.6	11.0
1099		14 36	60	14	1.1 W	3.7		279 56	63.7	16.4
1100		15 39	66	14	1.2 W	3.6		279 58	49.4	16.2
1101	Jan. 1	15 42	60	13	1.2 W	9.5		281 01	48.5	18.5
1102		16 39	54	16	1.3 WD	10.9		281 04	36.2	29.0
1103	Jan. 2	15 24	60	9	1.7 W	7.7		282 01	52.4	17.5
1104		16 24	60	13	1.2 W	7.0		282 04	39.1	17.7
1105	Jan. 3	14 29	60	9	1.6 W	7.3		283 00	64.7	16.4
1106		15 29	60	8	1.3 W	0.0		283 02	51.0	10.4
1107		16 32	66	13	1.1 W	9.7		283 05	37.1	15.2
1108	Jan. 5	9 16	60	6	1.0	1.1		284 49	133.9	6.1
1109		10 16	60	5	1.4 W	0.0		284 51	121.6	7.0
1110		11 16	60	4	1.0	0.0		284 54	108.5	4.0
1111		12 16	60	5	1.0	4.7		284 57	94.9	5.4
1112		13 16	60	7	1.0	6.1		284 59	81.1	7.8
1113		14 16	60	11	1.0	8.2		285 02	67.3	12.7
1114		15 16	60	10	1.0	6.1		285 05	53.5	11.1
1115		16 25	78	16	1.0	10.5		285 07	38.1	14.2
1116	Jan. 8	14 37	60	4	2.0 ci	3.0		288 06	61.9	8.4
1117		15 37	60	12	1.2 W	6.0		288 09	48.1	16.0
1118		16 28	42	6	1.6 W	4.1		288 11	36.8	15.2
1119	Jan. 10	15 4	60	10	1.6 W	5.9		290 10	55.3	17.7
1120	Jan. 11	14 32	60	11	1.0	5.1		291 10	62.5	12.0
1121		15 32	60	15	1.0	0.0		291 12	48.7	15.0
1122		16 35	66	13	1.0	9.6		291 15	34.6	13.8
1123	Jan. 12	15 38	60	18	1.0	11.1		292 13	47.1	22.1
1124		16 38	60	16	1.0	4.2		292 16	33.7	17.2

Nr.	Tag 1938	Zeit	D	n	f	t	Bem.	⊙	Z	n'
1125	Jan. 13	$16^h 37^m$	66^m	13	1.0	$10^m.8$		$293° 17'$	$33°.7$	14.1
1126	Jan. 18	9 18	60	3	1.3 ☽W	2.4		298 04	129.9	4.1
1127	Jan. 19	9 5	60	6	1.0	0.0		299 04	131.9	6.0
1128		10 5	60	4	1.3 ☽	0.0		299 06	120.5	5.2
1129	Jan. 20	9 3	60	2	1.0	0.0		300 05	132.0	2.0
1130		10 3	60	1	1.0	0.5		300 07	120.7	1.0
1131		11 3	60	6	1.4 ☽	1.9		300 10	108.2	8.7
1132	Jan. 24	11 55	60	6	1.2 W	6.0		304 17	96.1	8.0
1133		12 55	42	2	1.6 W	1.7		304 19	82.7	4.8
1134	Jan. 25	9 4	60	2	1.6 W	1.1		305 10	130.5	3.3
1135		10 11	60	3	1.1 ci	0.6		305 12	118.0	3.3
1136		11 11	60	3	1.5 W	0.3		305 15	105.6	4.5
1137		12 11	60	5	1.2 W	4.3		305 17	92.4	6.5
1138		13 11	60	2	1.4 W	2.7		305 20	78.9	2.9
1139		14 11	60	7	1.6 W ☽	4.7		305 22	65.2	12.2
1140	Jan. 26	16 40	78	14	1.2 ☽ ci	8.8		306 31	30.8	14.6
1141	Jan. 30	10 3	60	6	1.0	1.3		310 18	118.6	6.1
1142		11 3	60	2	1.0	0.0		310 20	106.4	2.0
1143		12 3	60	4	1.5 W	2.7		310 23	93.5	6.3
1144		13 24	60	3	1.2 ci	3.5		310 26	75.3	3.8
1145		14 24	60	5	1.2 ci	5.3		310 29	61.6	6.6
1146		15 24	60	14	1.0	9.6		310 31	47.8	16.7
1147		16 24	60	14	1.0	10.6		310 34	33.9	17.0
1148		17 12	36	8	1.0	5.2		310 36	23.1	15.6
1149	Jan. 31	9 0	60	6	1.0	1.6		311 16	129.7	6.2
1150		10 0	60	7	1.0	0.0		311 18	119.0	7.0
1151		11 0	60	8	1.0	0.0		311 21	106.9	8.0
1152		12 0	60	5	1.0	3.4		311 23	94.0	5.3
1153		13 0	60	12	1.0	5.5		311 26	80.6	13.2
1154		14 0	60	12	1.0	9.2		311 29	67.0	14.2
1155		15 0	60	11	1.0	8.0		311 32	53.2	12.7
1156		16 0	60	12	1.0	8.7		311 34	39.4	14.0
1157		17 0	60	13	1.1 ci	7.6		311 37	25.6	16.4
1158	Febr. 2	9 54	78	6	1.2 W	0.5		313 20	119.8	5.6
1159		11 57	60	8	1.3 W	4.9		313 26	94.4	11.3
1160	Febr. 3	9 43	60	2	1.0	0.0		314 21	121.6	2.0
1161		10 43	60	10	1.0	0.0		314 23	110.0	10.0
1162		11 43	60	10	1.2 W	6.5		314 26	97.3	13.5
1163		12 43	60	7	1.0	1.1		314 28	84.1	7.1
1164		13 43	60	14	1.0	4.2		314 31	70.6	15.1
1165		14 43	60	9	1.0	6.4		314 33	56.8	10.1
1166		15 43	60	17	1.0	11.9		314 36	43.0	21.2
1167		16 43	60	20	1.0	12.3		314 38	29.2	25.2
1168	Febr. 5	11 49	60	6	1.0	4.8		316 28	95.8	6.5
1169		12 52	66	10	1.0	8.0		316 31	81.9	10.3

KARL WURM

Die planetarischen Nebel

Die heißesten Sterne befinden sich in den Zentren hell leuchtender Gasmassen, die im Fernrohr als ringförmige Gebilde zu erkennen sind. Die Gasmassen haben ihren Ursprung in einer Katastrophe auf dem Stern, deren Ursache und Verlauf noch näher zu ergründen bleibt. Das vorliegende Werk gibt eine Zusammenfassung der bisherigen Forschungsergebnisse auf diesem Gebiet sowie eine Darlegung der gesamten Problematik, die mit der Entdeckung und Existenz dieser einzigartigen Einheit von „Stern und Nebel" aufgeworfen ist.

(Scientia Astronomica, Band 1)

VIII und 136 Seiten — 33 Tabellen — 15 Tafeln — 11 Fig. i. Text — Gr.-8° — 1951 — Ganzleinen DM 19,80

WOLFGANG GLEISSBERG

Die Häufigkeit der Sonnenflecken

In den letzten anderthalb Jahrzehnten sind über die Häufigkeit der Sonnenflecken so viele neue Erkenntnisse gewonnen worden, daß eine zusammenfassende Darstellung des neuesten Standes dieses Wissenszweiges wünschenswert erschien. Der Verfasser ist selbst auf diesem Forschungsgebiet erfolgreich tätig. Er legt ein Werk vor, das für den Fachastronomen, der sich über diesen Gegenstand orientieren oder sich darin einarbeiten will, von Nutzen ist, aber auch dem der Astronomie Fernerstehenden, der mit dem Problem der Sonnenfleckenhäufigkeit, z. B. von der Geophysik oder der Radiotechnik aus, in Berührung kommt, einen zuverlässigen Überblick gewährt. Auch für den Sternfreund ist das Buch geschrieben. Es zeigt ihm, zu welchen Ergebnissen die Auswertung des Beobachtungsmaterials bisher geführt hat, das unter Mithilfe zahlreicher Privatastronomen gewonnen worden ist.

(Scientia Astronomica, Band 2)

XII und 91 Seiten — 29 Abbildungen — 16 Tabellen — Gr.-8° — 1952 — Ganzleinen DM 14,—

MAX BEYER

Über den Lichtwechsel der Veränderlichen mit Perioden von 30 bis 150 Tagen

In der Abhandlung bringt der Autor eine Überfülle von Material für eine Gruppe von Sternen, die ausgesprochen schwierig zu deuten, vor allem aber schwer zu klassifizieren ist. Mit wenig Hilfsmitteln hat der Verfasser im Rahmen eines klar gefaßten Programms in der Zeit von 1923 bis 1939 an 192 Veränderlichen fast 34 000 Beobachtungen erhalten. Die vorliegende Abhandlung umfaßt neben der Beobachtung von 66 Sternen mit 8521 Bearbeitungen auch den Versuch, alle Veränderlichen des im Titel genannten Periodenbereichs zu charakterisieren und zu klassifizieren.

(Astronomische Abhandlungen, Band 11, Heft 4)

114 Seiten — 7 Abbildungen — 27 Tabellen — 4° — 1948 — DM 20,—

Bestellungen durch eine Buchhandlung erbeten

A K A D E M I E - V E R L A G · B E R L I N W 8

FSC
www.fsc.org
MIX
Papier | Fördert gute Waldnutzung
FSC® C083411

Zeitfracht Medien GmbH
Ferdinand-Jühlke-Straße 7
99095 Erfurt, Deutschland
produktsicherheit@kolibri360.de